JN101666

日本調理科学会 監修　クッカリーサイエンス 012

# おいしいたまごのはなし

キユーピー・東京家政大学共同研究講座 タマゴのおいしさ研究所
峯木 眞知子・小泉 昌子・設樂 弘之 共著

Cookery Science

建帛社
KENPAKUSHA

## 代表的な鶏卵種 （株式会社ゲン・コーポレーション提供）

ジュリア

ボリスブラウン

アローカナ

ソニア

ヨークカラーチャート

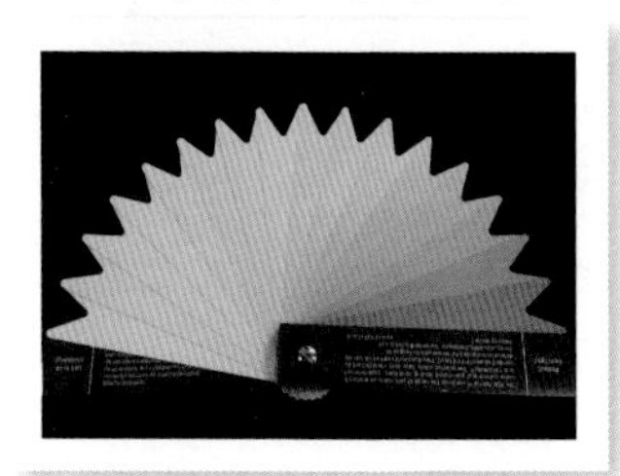

たまごの外殻色

冷凍たまご

左→冷凍たまご
右→生たまご

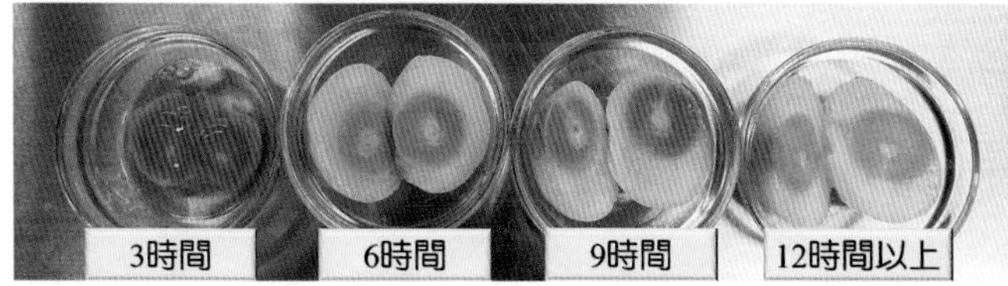

冷凍時間による変化

さまざまなたまご料理
トッピングいろいろ
たまごかけご飯
温泉たまご
飫肥の
厚焼きたまご
カスタード
プディング
目玉焼きネコちゃん
銚子の伊達巻き
たまご
ふわふわ
フルーツで着色された卵白
デビルエッグ
鶏卵素麺（温度のちがいによる凝固のようす）
102℃
105℃
108℃
110℃

# まえがき

日本では，たまごといえば鶏卵（けいらん）であり，1人あたりの鶏卵の消費量は年間約340個，世界第2位（2021年度）の消費国です。たまごは穏やかな味で好まれ，ほかの食材とも相性がよく，生食から調理・加工まで幅広く料理に使われています。さらに，栄養価も高く，多様な機能性をもっており，しかも安価で使いやすいです。このように，消費者にとっては身近な食材であるたまごですが，たまごの正しい知識や情報は不足しているようです。私はたまごの研究を40年以上続けてきましたが，いまでも講演では「たまごは1日2個食べてもよいのか」「たまごの赤玉と白玉は栄養的にちがうのか」などの基本的な質問を受けています。また，近年では，たまごと疾病との関係を明らかにする研究や論文（たまごに含まれる栄養成分による，“糖尿病発症リスクの低減”や“老化に伴う症状の発症予防”など）は多く発表されていますが，たまごの調理とおいしさに関する研究や論文は少ないように思います。

そこで，たまごのおいしさと正しい知識をより多くの人に知っていただくために，2021年4月にキユーピー株式会社と東京家政大学で共同研究講座“タマゴのおいしさ研究所”を開設しました。ここでは，たまごの消費量増加に伴う啓発活動として，たまごの正しい情報とおいしい食べ方をメールマガジンや動画（YouTube）で配信しています。もちろん，たまごの調理特性と食味に関する研究も行っています。そして，その一環として本書を出版することになりました。

たまごは魅力的な食材です。おいしいものを食べると，食べた人はみな笑顔になります。たまごの話になると，それと同様にみなうれしそうに笑顔で話します。そのくらいたまごは消費者に好かれ，愛されています。そんなたまごを対象に研究ができたことを誇りに思っています。本書をお読みいただき，さらにたまごを身近に感じ，おいしく食べていただけることを期待しています。

本書では，おいしいたまごを産む鶏（にわとり）の条件やスーパーに並ぶまで，たまごの品質，栄養成分，料理をおいしくするたまごのはたらき，たまご料理のおいしさをまとめています。また，消費者からの質問が多い内容も加え，SDGsにつながる新たなたまごの利用にもふれています。動画をご覧になりたい方は，本書記載のQRコード，または，“ぎゅっと！タマゴ”と入力して検索してください。

なお，本書にでてくる“たまご”について，「たまご」と読むときには「たまご」，料理名などで「らん」と読むときは「卵」と記載しています。

本書を刊行するにあたり，情報提供いただきましたキユーピー株式会社およびタマゴ科学研究会の皆様，ご指導いただきました日本調理科学会刊行委員会の皆様，写真を提供してくださいましたポルトガル菓子店「Castella do Paulo」ドゥアルテ智子氏に厚く御礼申し上げます。最後に，料理の研究に参考とさせていただいたたまご料理専門家の皆様にも御礼申し上げます。

2024年3月

著者を代表して　峯 木 眞 知 子

# もくじ

# 第1章 おいしいたまごを産む鶏（にわとり）のはなし

ボリスブラウン
（株式会社ゲン・コーポレーション提供）

# 1 鶏の変遷・歴史（卵用種の成り立ち）・品種改良

鶏の先祖は東南アジアやインドの熱帯および亜熱帯地域に生息する野鳥であるといわれ，４種類が候補にあがっている。その中で，東南アジア一帯に生息する赤色野鶏（*Gallus gallus*）が家畜化したとの説がもっとも有力である。紀元前7500年前の中国の遺跡から野鳥より大きい鳥の骨がみつかっていることから，鶏の家畜化はそれ以前に起こっており，ヨーロッパには紀元前5000年ごろに伝わったといわれてきた[1)]。しかし最近の研究で，東南アジア半島では紀元前1500年ごろに家禽として鶏が人間社会に取り込まれ，その後急速に東南アジア島嶼部へと南下し，メソポタミア（現在のイラクとその周辺）には紀元前1000年ごろ，ヨーロッパやアフリカには紀元前800年ごろに伝わったといわれている。また，当初ヨーロッパで鶏は食用ではなく，崇拝の対象や文化的な意味をもたされていたと思われている。

西暦４～５世紀のあいだに書かれた古代ローマからローマ帝国時代の調理法・料理のレシピを集めた料理書籍「アピキウス」[2)]には，“たまご焼き”や“ゆでたまご”のレシピが掲載されている。このころより鶏卵は広く食されていたようである。中世になると，たまごは比較的安価な食べ物として，領主の家来や農奴に与えられるようになり，さらにルネサンス時代には，いろいろなたまご料理がみられるようになった[3]。

日本においては，古事記や日本書紀に，神代から鶏の記述があることから，弥生時代のかなり早い時期に中国より伝来したと思われる。当初は外国と同様に，時刻を告げる鳥として飼育されていたようだが，古墳時代になると農耕に従事する人たちのあいだでたまごを食べるようになった。そして，たまごを産まなくなった鶏を食べる習慣が日常的になった。飛鳥時代では，肉食禁止令が発令されてもひっそりとたまごの採取と肉を食べる習慣は続いた[4]。室町時代になるとヨーロッパからカステラや鶏卵素麺などのたまごを使った料理が伝わり，よりたまごが食べられるようになったと思われる。江戸時代では農家が養鶏を行い，野菜などと一緒に街なかでたまごを売っていたようだ。「料理物語（1643年）」には，卵ふわふわ，卵ぞうめん，卵酒など数種類のたまご料理のつくり方が記載されている。そして，1785年に出版された「万宝料理秘密箱（卵百珍）」の２巻より４巻には，たまご料理が103種紹介されている[5]。金糸や銀糸たまごのせん切りは現代ではみられないが，韓国の宮廷料理には，卵白の薄焼き，卵黄の薄焼きがあり，せん切りやひし形に切った料理が出される。また，江戸時代の「本朝食鑑（1697年）」[6]には卵酒が紹介されるなど，からだによい食べ物として認知されていたようだ。

鶏の品種改良は，当初は観賞用に飼育されたものについて積極的に行われ，ヨーロッパでは一大ブームとなった。しかし流行が終わるとそれらの品種は姿を消し，代わって産卵種や肉用種の品種改良が盛んになった。

1830年ごろ，イギリスを原産とするホワイト・レグホーン（白色レグホーン）種は優れた卵用種としてアメリカで飼育されるようになった。また，茶色のたまごを産むプリマスロック種とロードアイランドレッド種は卵肉兼用種と肉用種として改良されるようになった[7)]。

現在では，世界の養鶏は，ごく限られた欧米の育種会社でつくられた鶏によって産卵がされている。それは日本も同様であり，かつては日本の品種が中心だったが，現在では，日本独自の鶏種はわずかしかいない。したがって，日本で飼育されている鶏のほとんどは外国から輸入されたものになる。

欧米の育種会社では，いろいろな特徴をもつ鶏を保有している。それらは，長所もあるが短所もある。たとえば，たまごをたくさん産むが気が荒くケージ飼育に適さない，おとなしいが病気になりやすい，健康であるがあまりたまごを産まないなどである。これらの鶏種をかけあわせ，長所だけが残るようにして，そのヒナを輸出している。日本では，採卵養鶏とよばれる養鶏場で，輸入したヒナを育ててたまごを産ませる。このたまごを孵化（ふか）させて，産卵直前まで育ててから採卵農家に出荷する。採卵農家ではこの鶏を飼育し，たまごを産ませ，集めて市場に出荷している。

このような本格的な鶏種改良により，1925年当時は1年間の産卵量は一羽あたり100個を超えるぐらいであったが，現在では300個を産卵する鶏も出てきており，鶏卵の価格安定化に大きく寄与している。

ところで，日本の売り場でみかけるたまごは卵殻の色が白い

ロードアイランド
レッド種

アローカナ

写真提供）株式会社ゲン・コーポレーション

図1-1　鶏の種類

ものが中心であるが，茶褐色のものも見受けられる。卵殻の色は鶏種により決まっている（図1-1，口絵参照）。卵殻が白いたまごを産む鶏は白色レグホーン種がほとんどで，羽は白色である。一方，卵殻の色が茶褐色たまごを産む鶏はロードアイランドレッド種が多く，こちらは羽の色が茶褐色である。しかし，白色プリマスロックという鶏は羽の色が白いにもかかわらず，卵殻の色は茶褐色であり羽の色がそのまま卵殻の色ということではない。さらに，アローカナの産むたまごの卵殻の色は青いが，羽の色は茶褐色である。

ちなみに，流通しているたまごの卵殻の色の割合は，国によって異なる。白色が多い国としては，インド，フィリピン，パキスタン，アメリカ，カナダ，メキシコ，ブラジル，日本などで，茶褐色が多いのは，中国，フランス，イギリス，オランダなどである[8]。

# 2　たまごと環境

たまごの品質や風味は，飼育される環境，鶏種，年齢，給餌（きゅうじ）されるエサに大きな影響を受ける。気温が高かったり，何かのストレスを外部から受けたりすると卵殻の強度が落ちたり，卵白の固形分が低下したり，卵黄のないたまごが産まれたりすることがある。また，病気にかかるとたまごの形が変形することもある。このため，なるべく外部の影響を受けないような環境の工夫が必要になる。

品質のよいたまごをつくるためには，鶏の健康状態を良好にする必要があることも知られている。鶏がたまごを産みはじめたばかりのころは，卵黄がなかったり，逆に卵黄が２つあったり，たまごの中に小さなたまごが入り込んだりして安定しないが，成長するにつれて安定して産卵するようになる。

エサの成分がたまごに移行することはよく知られている。主に油に溶けやすい成分が卵黄に移行するため，脂肪酸や脂溶性ビタミンが多く含まれているたまごをつくることもできる[9)]。

エサとたまごの品質が関連している例として，難消化性糖類の一種で腸内細菌の善玉菌を増やすはたらきがあるイソマルトオリゴ糖（IMO）をエサに加えたたまごは，家禽類の腸内腐敗産物の生成が低くなるという試験結果がある。IMO入りのエサを食べた鶏が産んだたまごでつくった，ゆでたまごやスポンジケーキ，カスタードプディングについて，官能評価を実施し

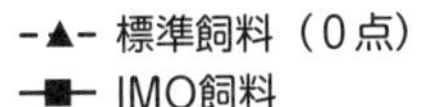


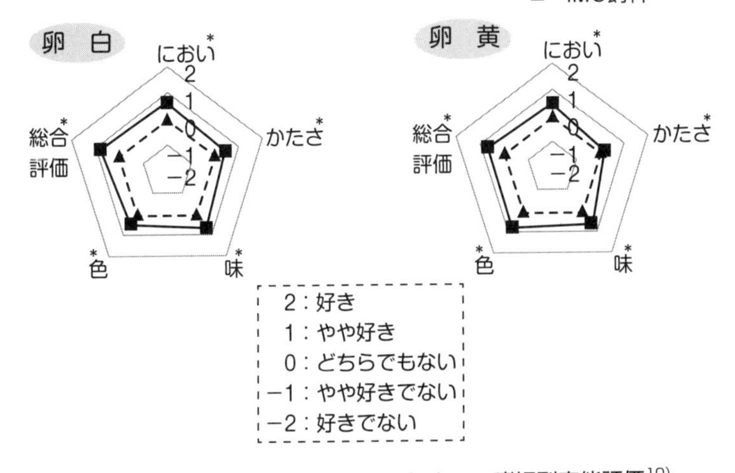


**図1-2　5段階評点法によるゆでたまごの嗜好型官能評価**[10)]

パネル：女子大学生 24名　＊：2試料間に有意差あり（$p<0.05$）

てその効果を調べたものである。官能評価は，実際に人が食べて味や香りの強弱や，おいしさを評価して数値化する方法である。この試験は，女子大学生24名を対象にして行った。その結果，IMOを含むエサを与えられた鶏が産んだたまごでつくったゆでたまごでは，におい，かたさ，味や色は，IMOを含まないエサ（標準飼料）のものよりも好まれるという結果であった（図1-2）。さらに，スポンジケーキやカスタードプディングをつくった場合でも，IMOのたまごの方が好まれた。この理由として，IMOを加えたことで，たまごに含まれる硫黄臭をはじめとした臭気成分が抑えられ，たまごのにおいが弱くなったことがおいしさに影響したと考えられた[10)]。

また，ミネラル（鉄・亜鉛・マグネシウム）を加えたエサを与えられた鶏が産んだたまごで同様の試験を行ったところ，卵白のかたさに影響が出て，ゆでたまごとカスタードプディングは好まれた[11]。しかし，スポンジケーキでは，標準飼料を食べた鶏が産んだたまごとちがいはなかった。

エサに含まれる色素により，卵黄の色が変化することもよく知られている。色を変えるために使われる食品や添加物を，表1-1に示す[12]。

卵黄の評価は，色に影響を受けることも多くの人に知られている。日本では栄養価が高くおいしそうに見えることから，赤色や黄色の強いたまごが好まれるため，エサに色素成分を多く添加することが行われている。

表1-1　卵黄の色調向上に使われるえさや添加物[12]

| 色合い | 使用される食品や添加物 |
| --- | --- |
| 黄　色 | トウモロコシ<br>マリーゴールド<br>アポエステル |
| 赤　色 | パプリカ<br>カンタキサンチン<br>赤色酵母<br>パラコッカス |

## 3　産卵鶏の生産と飼育方法

鶏の飼育方法は，平飼いとケージ飼いに大きく分けることができる。鶏卵の表示に関する公正競争規約および施行規則では，平飼いは「鶏舎内または屋外で鶏が自由に地面を運動できるように飼育する」ことをいい，放飼い（放牧）は「平飼いのうち，日中の過半数を屋外に置いて飼育する」[13] ことをいう。平飼いは，鶏がもつ本来の習性に沿った環境で飼育することができる。一方で自然環境下であるため，気温による影響や病気などのリスクも大きくなる。また，産卵場所もいろいろなため人手による集卵が必要になる。

ケージ飼いは，鶏をケージに入れて飼育する方法である。地面に接しないようにケージを置くことで，より衛生的に飼育することができる。また，鶏は群れの中で順位づけ行動（つつき等）を行い，ストレスが増すといわれているが，ケージでは鶏の数が少ないので緩和され，ストレスなく生活できる。さらに，ケージを積み重ねることができ，たまごの回収も自動的に行うことができるので，大量生産に適した方法といえる。

産卵鶏は120日ぐらいからたまごを産みはじめ，200日ぐらいで産卵率がピークになる。500日ぐらい経つと産卵率が落ちるため，新しい鶏と交換する。ただし，450日ぐらいから一月半ぐらいの休養を与えると産卵率が回復するため，700日ぐらいまでは飼育することができる。産卵期間を超えても鶏はたまごを産むことはできるが，産卵率が落ちると飼育コストとの採算があわなくなるため，と畜・解体される。ブロイラーに比べて成長した採卵鶏の肉は，うま味はあるがかたいので正肉利用には適さない。そのため，ミンチにして肉団子やハンバーグなどの加工肉，レトルト加工の肉，ペットフードなどに利用されている[14]。しかし，すべてを利用できずに廃棄されることも多く，資源循環の立場からさらなる利用も検討されている。

# 4　たまごがスーパーに並ぶまで

鶏は孵化後120日前後で成鶏農場（採卵農場）に移され，たまごを産みはじめる。産みはじめの鶏は，完全に成長しきっていないため，からだが小さく，それにあわせて産卵するたまごのサイズも小さいものになる。鶏が成長するに従いたまごも大きくなるが，鶏にも個体差があり，同じ週齢でも産むたまごの大きさは異なる。たまごのサイズは40～76 gまで6 gきざみで規格が定められている（表1-2）[13]。

群馬県畜産試験場の結果によると，21～24週齢の鶏(ジュリア種)が産むたまごは30.7％がSサイズ，56％がMSサイズ，それ以上が9.2％に対して57～60週齢の鶏では50.6％がLサイズ，26.2％がLLサイズ，17.5％がMサイズで，Sサイズは0％，MSサイズは1.4％しかない[15]。したがって，週齢を揃えること

表1-2　鶏卵の取引規格に定められたパック卵の重量[13]

| サイズ | ラベルの色 | 鶏卵（パック）1個の重量 |
|---|---|---|
| LL | 赤 | 70 g以上，76 g未満 |
| L | 橙 | 64 g以上，70 g未満 |
| M | 緑 | 58 g以上，64 g未満 |
| MS | 青 | 52 g以上，58 g未満 |
| S | 紫 | 46 g以上，52 g未満 |
| SS | 茶 | 40 g以上，46 g未満 |

でサイズは揃ってくる。しかし，すべてサイズが揃うわけではないため，規格にあわせるためには規格外のものがパックに入るのを防ぐ必要がある。それを行う場所がGPセンター（Grading and packing center）である。ここはたまごを選別しパッケージに収める場所で，農場に併設されている場合と，別の場所にある場合がある。大規模農場では，併設されたGPセンターに直接たまごが運ばれる。小規模農場の場合は，GPセンターにトラックなどでたまごを運ぶ。GPセンターでは原料卵を受け入れ，表面を洗浄・乾燥し，検卵して商品として適さないたまごを選別除去する。そののちサイズごとに選別し，パックや箱などに充填・包装し小売店や工場などに出荷している。これまでの工程をまとめると図1-3のようになる。

鶏のたまごを排出する場所を総排泄腔（そうはいせつこう）という。そこからは，たまごだけではなく糞便も排泄される。このため総排泄腔には多くの微生物が存在しており，ここを通過した卵殻の表面には，病原性細菌を含む微生物が多数存在している。そのため，GPセンターに入荷したたまごは，表面を洗卵機とよばれる機械で洗浄される。GPセンターでは「卵選別包装施設の衛生管理要領」（厚生省通知　平成10年11月25日第1674号）に定められた要点に従ってさまざまなことが行われている。たまごの洗卵に関しても次のようなポイントが定められている。

・重度に汚れている卵や割れている卵は洗卵前に除去する。
・洗浄に用いる水は飲用適のものを使用し，原則として流水式で行う。
・洗卵に使うブラシは清潔なものを使う。

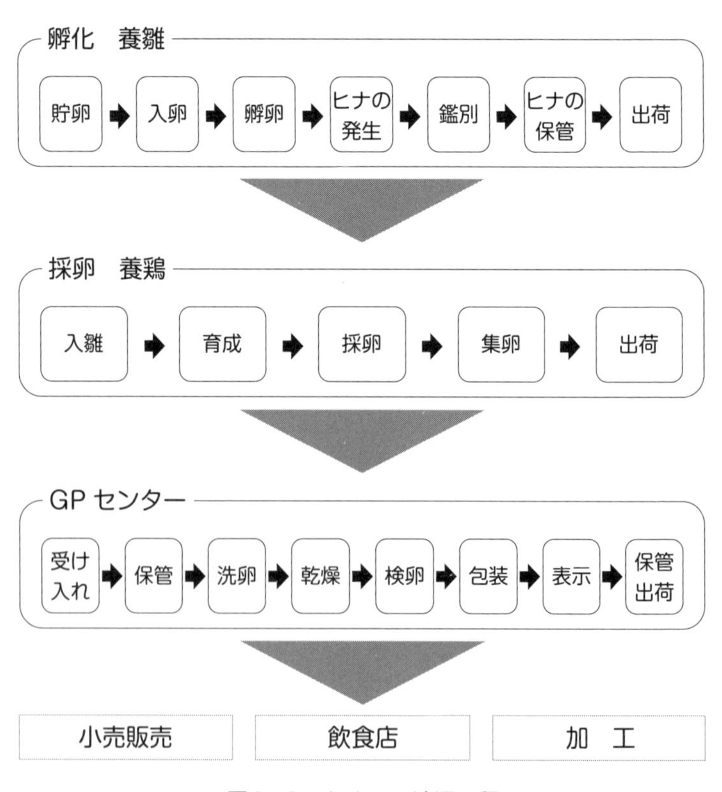


図1-3　たまごの流通工程

・洗浄水の温度は30℃以上かつ原料卵の温度よりも5℃以上高くする。
・洗浄水およびすすぎ水は150 ppm以上の次亜塩素酸ナトリウム溶液またはこれと同等以上の効果を有する殺菌剤を用いるとともにすすぎ水の水温は洗浄水温より5℃以上高くする。

などが決められている。温度が定められているのは洗浄水が卵の気孔から内部に侵入しないようにするためである。殺菌剤としてはオゾン殺菌水や電解水などを使う場合もある。

検卵工程ではヒビの入ったたまご（破卵），汚れが落ちきっていないたまご（汚卵），殻が柔らかかったり，形が変だったりするたまご（軟卵・奇形卵），異物や血液が混入したたまご，卵黄がつぶれているたまごなどを，機械を使い感知して排除する（表1－3）。こうして，異常なたまごや汚れたたまごが除か

**表1－3　検卵工程で使われる機械**

|  |  |
|---|---|
| **ヒビ卵検知器**<br>たまごを軽くたたいたときの音色を分析する。<br>ヒビがあると異常音がするために検出することができる。1個のたまごに対して約16回たたいて異常を探す。 | 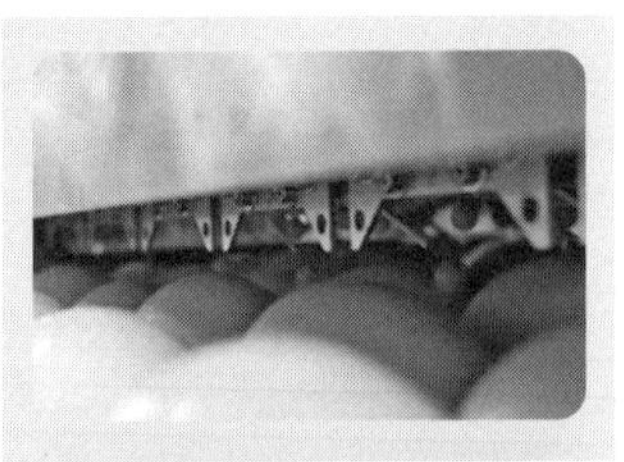 |
| **血卵検知器**<br>たまごに殻を通過することができる光を当てる。たまごの中に血液が入り込んでいると，特徴的な波長を検出するので，血液混入卵を検出することができる。 |  |
| **汚卵検知器**<br>卵殻の表面を撮影し画像認識をすることで，表面の汚れや異物，小さな穴などを自動的に検出する。 | 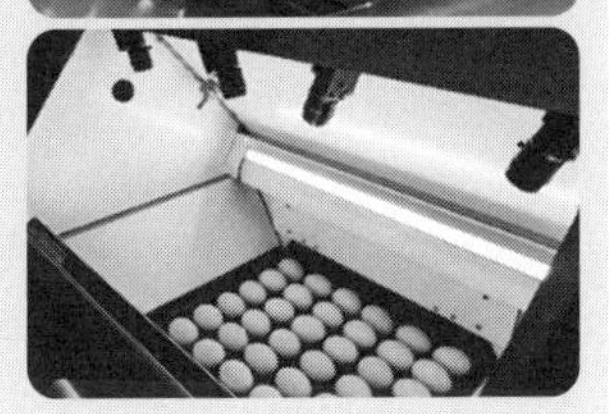 |

写真提供）共和機械株式会社

れ，きれいになったたまごをサイズ分けし，パックや箱などに詰められる。これがスーパーマーケットなどに出荷され，消費者の手に渡るのである。

小売店でよく見るパックに入ったたまごは，パック卵とよばれている。パックはPET素材の透明なものが主流だが，紙製のモウルドパックもあり，それ以外にもプラスチックの容器に入れてネットで包装したものも売られている。

 コラム 

**「鳥インフルエンザ[16]」**

鳥インフルエンザは，A型インフルエンザウイルスが鳥類に感染して起きる感染症である。このウイルスは，もともと水禽類の腸管に生息しているといわれていて，これらの鳥が渡り鳥として北方から飛来することにより，鶏に感染させていると考えられている。鳥インフルエンザの中でも，高病原性鳥インフルエンザは感染率や致死率が高いため，感染が認められた鶏舎では全数処分して感染の拡大を防ぐ方法が取られている。このウイルスは，人には大量に体内に入らなければ感染しないといわれている。また，鳥インフルエンザに感染した鶏が産んだたまごを食べても，人が感染することはない。

**「アニマルウェルフェア[17]」**

世界の動物衛生の向上を目的とする政府間機関である国際獣疫事務局（OIE）の勧告において，「アニマルウェルフェアとは，動物の生活とその死に関わる環境と関連する動物の身体的・心的状態」と定義され，以下の５つの自由を保つことが基本となっている。

① 飢え，渇き，栄養不良からの自由
② 恐怖および苦悩からの自由
③ 物理的および熱の不快からの自由
④ 苦痛，障害および疾病からの自由
⑤ 通常の行動様式を表現する自由

これを受けて，各国の政府機関や生産者団体が独自にアニマルウェルフェアに取り組んでいる。日本では公益社団法人畜産技術協会が指針を作成しており，アニマルウェルフェアを「快適性に配慮した家畜の飼養管理」と定義したうえで検討会を設置し，日本の指針を取りまとめてきたが，これをさらに国際水準とするために国が指針を示した。その中では鶏に対して「管理方法」，「栄養」，「鶏舎」「飼養方式，構造，飼養空間及び付帯設備」，「鶏舎の環境」，「アニマルウェルフェアの状態確認等」，「採卵鶏のアニマルウェルフェアの測定指標」についての指針が示され，アニマルウェルフェアの普及・推進の加速化をめざしている。

## 引用文献


1）Joris Peters. et. al.: The biocultural origins and dispersal of domestic chickens, Proceeding of the National Academy of Sciences of the United States of America, 119 (24), 2022
2）上田和子：おいしい古代ローマ物語―アピキウスの料理帖，原書房，2001
3）ダイアン・トゥープス（村上彩訳）：タマゴの歴史，原書房，2014
4）千葉貴子：食用鶏の歴史と今，https://www.maff.go.jp/j/pr/aff/1612/pdf/1612_03.pdf（2023/5/29）
5）器土堂主人（奥村彪生訳）：万宝料理秘密箱，教育社，1989
6）人見必大（島田勇雄訳注）：本朝食鑑1，平凡社，1976
7）Harold McGee（香西みどり訳）：マギー キッチンサイエンス，共

立出版，2008
8）鶏鳴新聞（2023/10/5発行）
9）E.C.Naber：The Effect of Nutrition on the Composition of Eggs, Poultry Science, 58, 518-526, 1979
10）小泉昌子ほか：イソマルトオリゴ糖添加飼料を給与した鶏の産んだ卵の調理特性および嗜好性，日本家政学会誌，71（8），523-531，2020
11）小泉昌子ほか：ミネラル強化飼料を給与した鶏の産んだ卵の品質および調理特性，東京家政大学紀要 2自然科学，61（2），1-8，2021
12）鈴木和明：飼料栄養素の基礎⑥ 卵黄色に関わる色素について，鶏の研究，91（7），16-20，2016
13）全国公正取引協議会連合会：鶏卵の表示に関する公正競争規約及び施行規則，2009，https://www.jfftc.org/rule_kiyaku/pdf_kiyaku_hyouji/egg.pdf
14）エレミニスト編集部：卵を産み終えた鶏「廃鶏」のその後とは市場価値や肉用鶏とのちがい，https://eleminist.com/article/988，2021（2023/6/9）
15）群馬県畜産試験場：平成26年　鶏の経済能力検定成績　群馬県種鶏孵卵協会協会第45回通常総会記念研修会資料，2014
16）食品安全委員会：鳥インフルエンザについて，https://www.fsc.go.jp/sonota/tori/tori_infl_ah7n9.html（2023/5/29）
17）農林水産省：アニマルウェルフェアに関する飼育管理指針，2023 https://www.maff.go.jp/j/chikusan/sinko/230726.html

# 第2章
# たまごの品質とおいしさ

# 1　鶏卵の構造[1]

鶏卵は，外側からおおきくとらえると，卵殻，卵白，卵黄で構成されており，その割合はほぼ1：6：3になる（図2-1）。

たまごの形状は，丸い鈍端ととがった鋭端がある。卵殻は約98％がカルシウムからできており，目に見えない小さな穴である気孔が多数存在している（図2-2B）。卵殻の外側は，クチクラとよばれるタンパク質が付着しており，微生物の侵入を防いでいる。クチクラは，洗卵すると剥離してしまうので，日本で市販されているほとんどのたまごでは観察できない。卵殻の内側には卵殻膜がある（図2-2C）。卵殻膜は外層と内層の二層からできており，外部からの微生物侵入を防いでいる。この

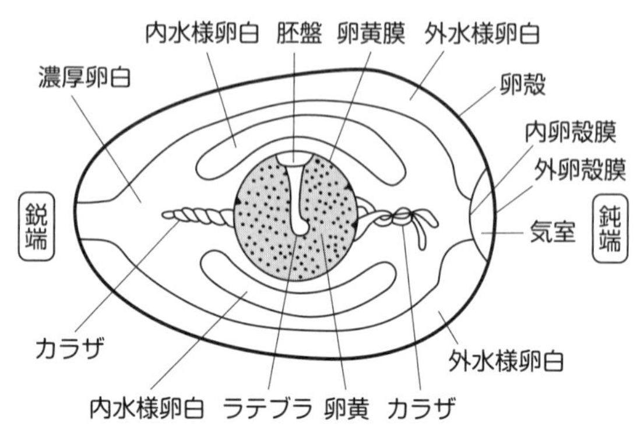


図2-1　鶏卵の構造[1]

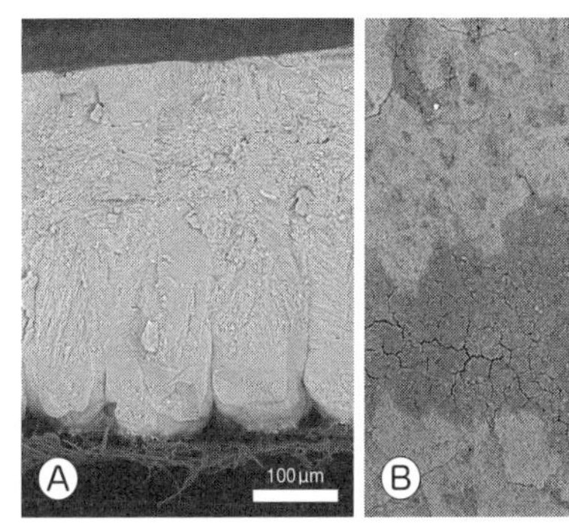


鶏卵の卵殻断面

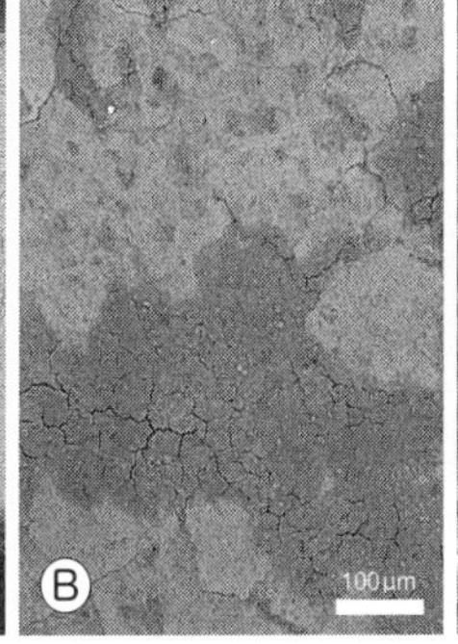


鶏卵の卵殻表面

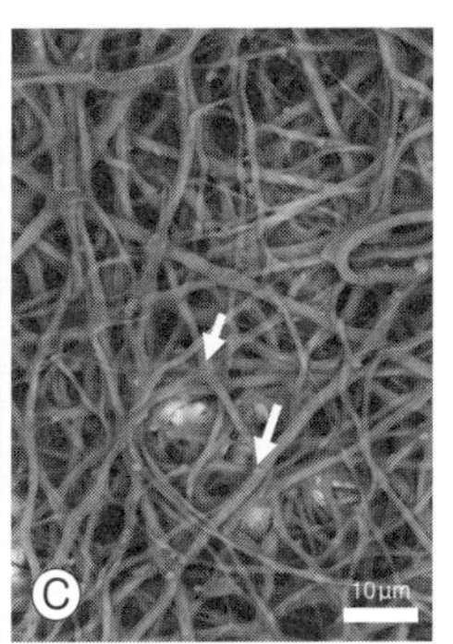


鶏卵の卵殻膜
矢印：乳頭突起

図2-2　卵殻の構造

二層は，ほとんどの場所で重なっているが，主に鈍端部では離れている。その部分は気室とよばれている。

卵白は性状のちがいにより，粘度の高いどろっとした濃厚卵白と，粘度の低いさらっとした水様卵白に分けられる。さらに水様卵白は，卵黄の近くに位置する内水様卵白と卵殻に接している外水様卵白に分けられる。濃厚卵白と水様卵白の成分にはほとんどちがいがなく，繊維状のタンパク質の構造に差異がみられる。２種類の卵白の重量割合は，濃厚卵白が約50％，内水様卵白と外水様卵白がそれぞれ約25％である。

卵黄の中心上部にある白くて丸い部分は，胚盤（はいばん）である。その胚盤から卵黄の中心部まで伸びているラテブラ部分は，白色卵黄である。卵黄は，99％の黄色卵黄と１％の白色卵黄で構成されている。白色卵黄は，黄色卵黄よりも水分が90％と多く，卵白に似た成分である。新鮮な卵黄は，卵黄の高さが高く，盛り上がっている。卵白と卵黄では，水分含有量が異なるため，保存すると卵黄膜が浸透膜の役割を果たして，卵白から卵黄へ水分が移行して卵黄の粘度が低下する。それに加えて卵黄膜の外側を形成しているムチンの構造が濃厚卵白と同様に失われるため，卵黄膜がぜい弱化し，卵黄の高さが低くなる。

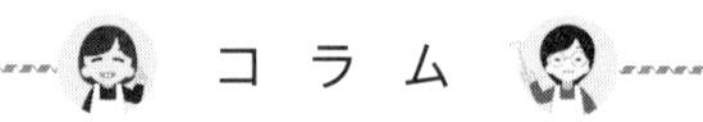


**「カラザ」**

カラザは卵白の一部だが，卵黄をたまごの中心部に固定するハンモックのようなはたらきをしている。そのため，卵白と卵黄に分けると卵黄側に付着する場合が多い。生卵を食べるときに，口ざわりが悪いという理由で取り除きたい場合には，割りばしを使うと滑らずに取り除きやすい。しかしカラザには，免疫力を高めるシアル酸という成分が含まれているため，取り除かずにそのまま食べるのも効果的である。

## 2 たまごの品質の指標

たまごの品質は，保存する温度に大きな影響を受ける。保存により生じる変化は，卵白の水様化，カラザや卵黄膜が弱くなることである。品質の評価方法は，卵殻を割らない非破壊鮮度評価法（非破壊法）と，割る破壊鮮度評価法（破壊法）[1)] がある。

非破壊法は，卵重の減少量や気室の大きさ，たまごの比重などによって評価される。たまごは保存すると，卵殻の気孔から卵白の水分が蒸発し卵重が軽くなる。水分の減少分，空気が入るためたまごの比重は軽くなり，入り込んだ空気は気室に集まるので気室が大きくなる。気室の大きさは，たまごの鈍端に光を当てて，反対側から透過する光の影を見ることで判断できる。たまごの比重は，濃度の異なる食塩水にたまごを浮かべることにより判定することができ，10％食塩水に沈むたまごは，新鮮卵といえる。なお，外観による観察で，新鮮卵の方がざらざらしている，古くなるとつるつるしているといわれるが，たまごの表面の様子は産んだ鶏の週齢などにも関係するため，外観で判断することは難しい。

破壊法では，たまごの鮮度以外にも，卵殻の強度・厚さ，卵黄の色なども評価することができる。

### (1) 卵殻の指標

生産者から消費者への輸送中にたまごが割れるのを防ぐための指標として，卵殻強度や卵殻の厚さが測定される。卵殻は，たまごの保存による品質変化は少ないが，暑い時期などは，卵殻が薄くなり，卵殻強度が低下することがある。

### (2) 卵白の指標

一般に卵黄より卵白の方が保存による品質変化が大きいため，鮮度評価には卵白の指標が使われる。これは保存により，徐々に濃厚卵白が水様卵白へ変化し，たまご特有の盛り上がり

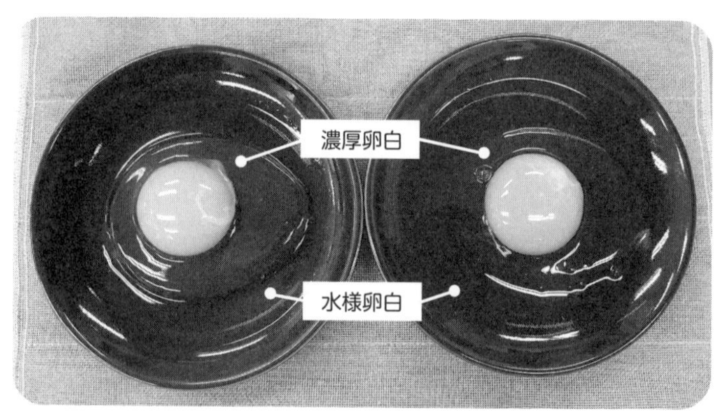


図2-3　新鮮たまごと購入後21日経過したたまごの卵白のようす

がなくなるためである（図2-3）。

この特性を利用したのが「ハウ・ユニット（HU）」とよばれる指標である。まず，たまごを割ったときに盛り上がっている濃厚卵白の高さを計る。ただし，濃厚卵白の高さは，たまごが大きく，重いほど高くなるため，濃厚卵白の高さをたまごの重量で補正する必要がある。

下記の式により，HUは求められる。

$$\text{ハウ・ユニット（HU）} = 100 \cdot \log\left(H - 1.7W^{0.37} + 7.6\right)$$

$H$：濃厚卵白の高さ（mm），$W$：卵重（g）

表2-1　アメリカ農務省が定めたハウ・ユニットの規格[1)]

| ランク | AA | A | B | C |
|---|---|---|---|---|
| HU値 | 100～72 | 71～60 | 59～31 | 30～ |

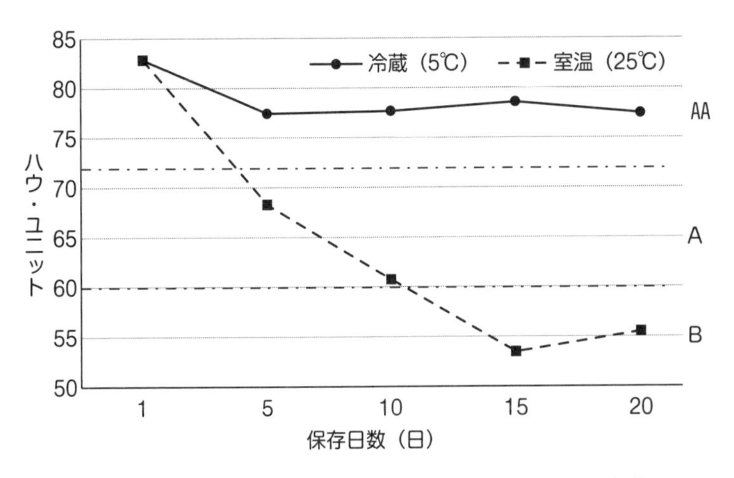


図2-4　保存温度・日数とハウ・ユニット（HU）の変化
出典）文献3）をもとに著者作成

HU値が高い方が，たまごの鮮度が高いと評価され，アメリカ農務省（USDA）により，HUの規格はAAからCまで決められている。日本でもこれに則って評価される（表2-1）。なお，冷蔵庫（5℃）で20日間保存しても，たまごのHUは，AAランクを示すため，購入後は冷蔵庫で保存するのがよい（図2-4）。

鮮度を調べる別の指標としては，卵白のpHがあげられる。産卵直後のたまごは，卵白内に二酸化炭素をたくさん含むため，pHが7.5～7.6[2)]と低い値を示す。しかしその後，二酸化炭素が卵殻の気孔を通って空気中へ逃げて，卵白に含まれる二酸化炭素が減るので，pHが上昇する。そのため卵白のpHは，鮮度の指標として用いられる。一般に市販されているたまごは，産卵して１日は経過しているため卵白のpHは8.5以上になっている。また，卵黄のpHは産卵直後6.0程度だが，その後の変化は少なく，鮮度指標にはならない。

### (3) 卵黄の指標

卵黄を使った鮮度評価の指標として，卵黄係数がある。

**卵黄係数＝卵黄の高さ ÷ 卵黄の直径**

卵黄は保存することにより，卵黄膜が弱くなって，たまごを割ったときに卵黄が平らになる。鮮度が低下した卵黄では高さが低く，直径が大きくなるため，卵黄係数の値は小さくなる。新鮮卵の卵黄係数は，0.46～0.55程度[1]であるとされている。なお，筆者らの実験では，冷蔵庫（5℃）で20日間保存したたまごの卵黄係数は0.45～0.47であったが，室温（25℃）20日間保存の場合は0.24～0.26となり[3]，鮮度がかなり低下することがわかる。

卵黄色（Yolk Color；ヨークカラー）は，鶏に与えるエサの影響を大きく受ける。卵黄色の濃淡は，消費者が目で見て判断できることから嗜好性に影響を与え，品質として重要視されている。卵黄色は従来からヨークカラーチャートとよばれるカードを使い，ヨークカラーとして１～15段階で表されてきた（口絵参照）。数字が小さいほど白・黄色味が強く，数字が大きいほど，橙・赤味が強い色になっている。世界的に使用されている

DSM社のYolk Color Fanは，2016年に1色増やして全16色に，日本では2019年にJA全農たまごのヨークカラーチャートが，3色増やして18色になった[4]。日本の消費者は，特に濃い卵黄色を好むため，それに影響して橙・赤味の強い色が増やされた。一方で，最近では，小麦粉や飼料用米を鶏のエサに用いて，白い卵黄もつくられている。これは，卵黄の色が邪魔になる桜ロールケーキや抹茶菓子などに利用されている。

実際には，卵黄係数より早く現れる保存による構造変化・指標[5,6]がある。新鮮卵の卵黄の組織構造をみると，卵黄内に存在する卵黄球が観察される（図2-5A）。卵黄球の内部には，

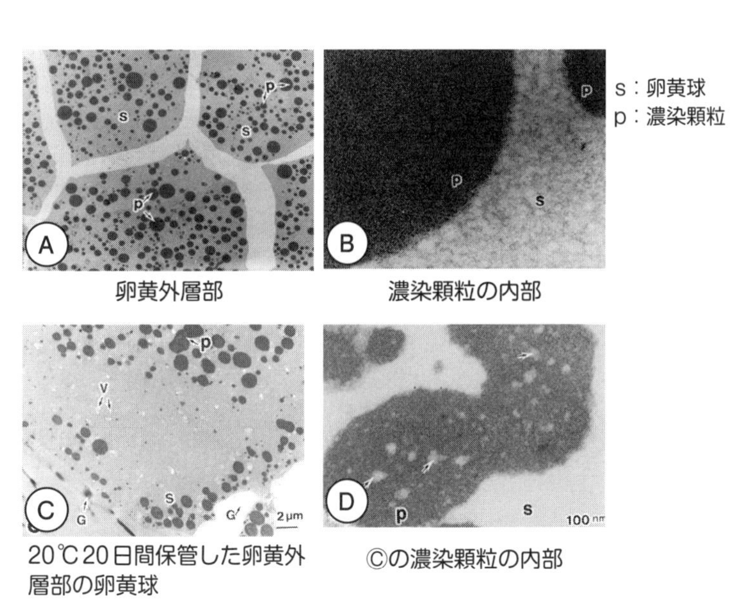


図2-5　新鮮生卵黄の組織構造（液体窒素による凍結判断法）[5,6]

染色性の薄い均質な基質とその中に濃染顆粒が円状で均質に存在している。その内部に均一な密度の高い粒子が埋まっている（図2-5B）[5]。たまごを20℃で保存すると，この濃染顆粒は融合し，卵黄球内に偏在してくる（図2-5C）。その内部に空胞が見られ，顆粒は融合している（図2-5D）[6]。この構造変化は保存日数が３～５日で現れ，卵黄係数の低下より早いため，たまごの鮮度を証明する構造の指標となり得る[7]。

図2-6は，白色レグホーン種鶏に標準のエサとミネラル強化したエサ（カルシウム，鉄，マグネシウム，マンガン，ケイ素）を給与して，同時刻に産卵したたまごを25℃３日間保存したゆでたまごの組織構造である。HUや卵黄係数の低下はみられなかったが，組織構造ではちがいがみられた。栄養強化したた

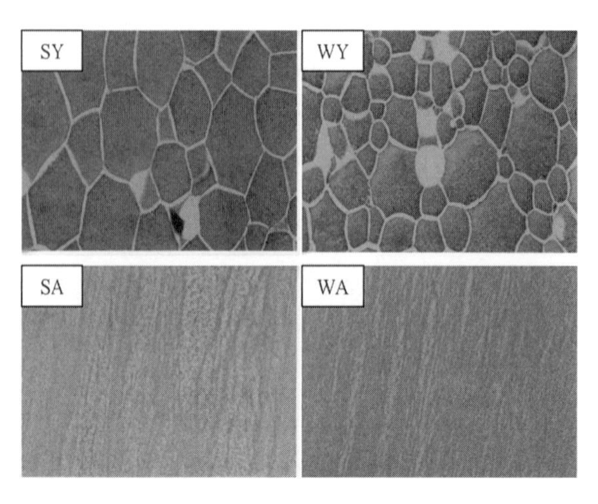


**図2-6　ミネラル強化卵（S）と白色レグホーン種鶏卵（W）の25℃３日間[7]**

まごの卵白（SA）では，濃厚卵白が示す繊維状の幅が広く，明瞭に見えるが，標準卵の卵白では繊維状の幅が狭く，不明瞭になっていた（WA）。標準卵では，卵黄の濃染顆粒も偏在し，一部に融合しているのが見える（WY）。しかし，栄養強化したたまごの卵黄（SY）の濃染顆粒はほぼ卵黄球内の偏在がなく均一状態だった。したがって，この栄養強化卵は，標準のエサを給与されたたまごより鮮度保持効果が高いといえる[7]。

## 3　保存方法と期間（賞味期限，食中毒，サルモネラ菌）

たまごの中には微生物はほとんどが検出限界以下でしか存在しない。また，卵殻が微生物の外からの侵入を防いでいる。さらに，卵白には微生物の成長を抑制する効果のあるタンパク質が存在し，環境も微生物が育ちにくいアルカリ性になっている。このため，たまごは保存性がよく，生肉や鮮魚のように使用される消費期限ではなく『賞味期限』が表示され，それは，「安全に生食ができる期間」と定義されている[8]。

たまごが腐ってしまうのは，外部から微生物が侵入した場合である。卵殻には直径1,250～60 µmの気孔とよばれる穴が約7,000～17,000個存在し，微生物のサイズは1～5 µmなので，侵入が可能である。殻が乾燥した状態では殻の中を移動しにくいため侵入は難しいが，殻の表面に水滴がつくと，その液体の中にいる微生物が液体と一緒にたまごの中に入ってしまう。このため，たまごの表面に水滴がつかないようにすることは保管するうえで大切である。また，洗卵してパック詰めされたたまごを，洗って乾かさずに保管すると，むしろ微生物の危害を受ける可能性が高まるため注意する。

### (1) たまごの賞味期限の決め方

鶏の生活環境が悪かったり，鶏が不健康であったりすることで，たまごがつくられる輸卵管の中にサルモネラ・エンテリティディス（*Salmonella Enteritidis*; SE）という微生物が住みついてしまうことがある。この微生物は少量でも，人の体内に入り込むと食中毒を起こす。輸卵管に住みついていると，このSEが入ったたまごができてしまい，卵殻をいくらきれいにしても，取り除くことができない。ただし，SEが増殖する条件には鉄分が必要である。卵白には鉄分がないため，最初は増殖できない。しかし，たまごを長期に保管すると卵黄膜が弱って，卵黄の中にある鉄分が卵白に流れてしまう。そうすると，たまごの中でSEが増殖する可能性が高くなるのである。SEが増えたたまごを生で食べると，食中毒になるおそれがあるため，鶏卵の賞味期限はSEが増殖するまでの時間で決められている。イギリスのハンフリー博士の研究により，SEが急激に増殖する期間は下記のように算出されている[8]。

$$D = 86.939 - 4.109T + 0.048T^2$$

D：微生物の増加が急激に起こるまでの日数

T：保存温度

鶏卵の保存温度は，保存可能の日数に大きく影響を受けることがわかる。この計算式から，たまごは30℃で保管すると13日で変化が起こるのに対して，25℃では21日，10℃で保管すると57日まで安全という結果になる。しかし，あまりに長すぎると混乱を起こすので，家庭で生食用として消費するたまごについては「産卵日を起点として21日以内を限度（購入後冷蔵庫で10℃以下に保管することを含む）」[8]となっている。また，サルモネラは熱に弱く，75℃で1分間加熱をすると死滅する。このため，たまごは賞味期限を過ぎても十分な加熱をすれば問題なく食べることができる。

### (2) たまごの保管の注意点

卵殻はたまごを微生物から守る重要なものである。ヒビがはいったり，割れたりしないように大事に扱う。割れているたまごをみつけたら，そのたまごのみを割って，腐っていないことを確認してから加熱して食べるようにする。

### (3) 保存するたまごの向きについて[3]

たまごの保存時には，鈍端を上にしておくことが一般的である。スーパーなどで売っているたまごは，鈍端を上にしてパック詰めされている。鈍端には気室があり，ここにたまごへ侵入した空気がたまる（図2-7）。保存すると濃厚卵白が水様化するため，卵黄は上に浮き上がってくる。鈍端を上にしておくと，卵黄が浮き上がっても気室があるため直接卵殻に触れることを防ぐことができる。そのため微生物が卵黄に直に侵入する

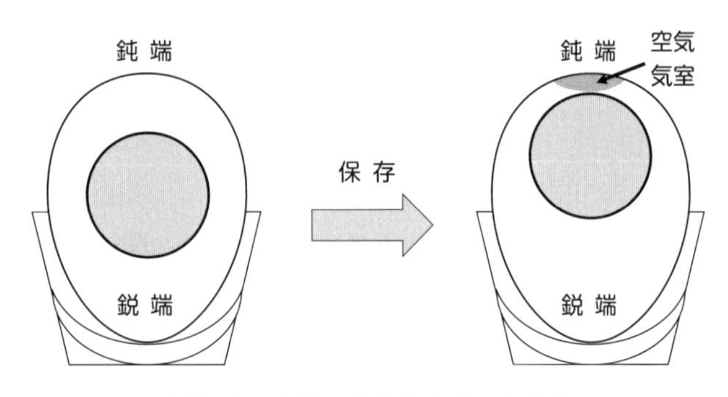


図2-7　保存によるたまご内の変化

表2-2　保存する向きと温度によるゆでたまごの断面[3)]

| 条 件 | 冷 蔵（5℃） | 常 温（25℃） |
|---|---|---|
| 鈍端上 | | |
| 鋭端上 | | |

危険性を減らすことができる。

しかし，パック詰めされて売られているたまごでも，鋭端を上にして入っているものもたまに見られる。そのためか，鋭端を上にした方がよいと思い込んで保存している場合もある。そこで，鈍端を上にしたものと鋭端を上にしたものを５℃の冷蔵庫と25℃保管庫でそれぞれ２週間保存して比べた。冷蔵庫保存のたまごでは，気室まで卵黄は浮き上がらないが，25℃では卵黄が気室にくっついてしまった（表２-２）。この結果から，冷蔵庫で保存した賞味期限内のたまごであれば，保存した向きのちがいによる，鮮度や安全性に大差はないと思われる。一方，室温で保存する場合は，鈍端を上にしておいた方が微生物による汚染を防ぐことができると思われる。

## コラム

**「赤玉と白玉のおいしさのちがい」**

日本の地鶏のたまごは赤玉なので，赤玉たまごの方がおいしいイメージがある。しかし，赤玉たまごはすべて地鶏のたまごというわけではない。一般成分を比べると，両者に大きなちがいはない。卵殻の色のちがいよりも，たまごの大きさ，鶏種，卵黄色，卵黄・卵白の比率の方がおいしさに影響する。

**「ミートスポット[9]」**

ミートスポット（肉斑）とは，たまごの卵白に混入した小さい塊で，たまごを割ったときに見えることがある。卵殻色のちがいによって出現頻度が異なり，赤玉>ピンク玉>白玉の順番で多いとされている。ミートスポットは，卵殻色素であるプロトポルフィリンの塊や，鶏の体内の組織，卵黄膜の一部が集まったものである。そのため，赤玉やピンク玉のように，卵殻に色がついているたまごで多いとされている。ミートスポットは食べても問題ないが，気になる場合は取り除くとよい。

## 4　保存条件のちがいとおいしさ[10)]

たまごは，産卵後３日以内の新鮮卵がもっともおいしいと思っている人が多い。そこで，産卵後３日以内のたまごを５℃もしくは25℃で２週間保存したものと，同鶏舎で飼育条件が同じ鶏が産んだ３日以内のたまごを用いて，品質を比較した。その風味のちがいを調べるために，たまごかけご飯，ゆでたまご，だし巻きたまご，カスタードプディングを調製した。

25℃で２週間保存したたまごは，HUの大幅な低下，卵白のpHや卵黄の成分に大きな変化がみられた。しかし，５℃で２週間保存したたまごのHU・卵白のpH・一般成分は，産卵後３日以内のたまごと差のない値であった。風味試験は，分析型官能評価と嗜好型官能評価を，女子大学生25名で行った。産卵後３日以内のたまごに対して２週間保存のたまごを比較して有意差のあった項目を表２-３に示した。

25℃で保存した場合の温度条件で起こった卵白のpH上昇，HUの大幅低下や卵白タンパク質の変化は，たまご料理のできあがりや食感だけでなく，おいしさにも影響していた。たまごかけご飯やゆでたまごでは，においが新鮮卵より有意に強くなり，これには保存期間による卵白中の硫化水素の増加が影響したと考えられた。しかし，たまごかけご飯では，醤油によるマスキング効果でおいしさに有意差はみられず，ゆでたまごでは，においの強さが好ましさに影響したと考えられた。

表2-3　産卵後3日以内のたまごに対する保存温度の異なるたまごを用いた料理の官能評価[10)]

| 料理名 | 25℃，2週間保存試料 | | 5℃，2週間保存試料 | |
|---|---|---|---|---|
| | 分析型官能評価 | 嗜好型官能評価 | 分析型官能評価 | 嗜好型官能評価 |
| たまごかけご飯 | においが強い | 有意差なし | 有意差なし | 有意差なし |
| ゆでたまご | においが強い | 好ましくない | かたい | 有意差なし |
| だし巻きたまご | かたい<br>ジューシーさが少ない<br>味が薄い | 好ましくない | 有意差なし | 有意差なし |
| カスタードプディング | やわらかい<br>なめらか | 有意差なし | 有意差なし | 有意差なし |

だし巻きたまごは，やわらかく，ジューシーなものが好まれる。25℃で保存したHUが大幅低下したたまごでは，これらの特性が低下し，好ましさの評価に影響していた。

カスタードプディングでは，25℃で保存したたまごは，やわらかくなめらかな食感と判断された。これは，卵白中のオボアルブミンは高い温度で保存した場合，分子構造が変化して，熱に対して安定化することが影響したと考えられた。カスタードプディングのおいしさに関係するなめらかさが強くなったことにより嗜好型官能評価でも好まれ，保存温度のちがいによるたまごと産卵3日以内のたまごとは有意差が出なかったと考察した。

5℃保存したたまごと産卵後3日以内のたまごの料理では，

どの料理においても，におい，味，食感にはちがいがみられず，嗜好型官能評価でも好ましさに差がなかった。

したがって，5℃で２週間保存したたまごでは，産卵後３日以内のたまごと同程度の風味を保つことが明らかになった。冷蔵庫での保存は長期間になっても風味は落ちていないので，廃棄しないでたまごをおいしく食べてほしい。

たまごの保存方法

## 5　鶏の週齢とおいしさ[11)]

鶏は成長し，からだが大きくなるにつれてたまごも大きくなる。それでは，若いときと成長した後では味にちがいがあるのか？　代表的な白玉を産む鶏である白色レグホーン種ジュリアと赤玉を産む鶏であるロードアイランドレッド種ボリスブラウンとで，市販されはじめる30週齢のたまごと市販の限度とされる70週齢のたまごで，ゆでたまご，スポンジケーキ，カスタードプディングを調製し，官能評価により風味の比較を行った。

ジュリアが産んだたまごでは，両者の風味に有意な差は認められなかったが，ボリスブラウンでは週齢の高い鶏が産んだたまごの方が好まれていた。ボリスブラウンでは，週齢の高い鶏のたまごの方が卵黄の色が濃かったため，これが好みの差の要因となった。カスタードプディングでは週齢の高いたまごの方がやわらかく，なめらかであったことが好まれる要因であった。週齢によるおいしさの差についての研究は，まだ例が少なく，この研究のみで結論は出せないため，今後の研究に期待したい。

**「幸せの青いたまごと金運上昇のたまご」**

最近，殻が青緑色のたまごが販売されている。このたまごを産む鶏はアローカナで，原産地である南米チリでは，鶏が人懐っこいこと，たまごの産卵数が普通の産卵鶏よりも少なく貴重なこと，たまごの殻の色が宝石のようできれいなことなどから，にわとりやたまごが「幸せの象徴」とされている。

殻の色が青緑色なのは遺伝子に由来し，現在では原種のアローカナはほとんどいない。私たちが目にするアローカナの青緑色のたまごは，アローカナの遺伝子をもった鶏とほかの鶏との交雑種が産んだたまごがほとんどである。交雑種の中でも，白い羽のアローカナは青色，茶色い羽のアローカナは緑色の殻のたまごを産むことが多いとされている。

また、日本では「大寒たまご（1月20日ごろ）」を食べると，その一年が「健康で過ごせる」といわれ，卵黄の濃い（金色）たまごは「金運が上昇する」と好まれている。

## 引用文献


1）渡邊乾二：食卵の科学と機能-発展的利用とその課題-，アイ・ケイコーポレーション，2008

2）浅野悠輔ほか：卵-その化学と加工技術-，光琳，1999

3）峯木眞知子ほか：鶏卵の鮮度および品質に保存の向きが与える影響，東京家政大学研究紀要2自然科学，63（2），13-17，2023

4）JA全農たまご：鶏卵関連機器「全農ヨークカラーチャート」，https://www.jz-tamago.co.jp/customer/product/machine/（2023/5/15）

5）峯木眞知子ほか：Microstructure of yolk from fresh eggs by improved method, Journal of Food Science, Vol.62, 757-762, 1997

6）峯木眞知子ほか：Microstructural Changes in Stored Hen Egg Yolk，日本家禽学会誌，35（5），285-294，1998

7）小川宣子ほか：異なる飼料を給与した鶏が産卵した卵の調理特性（第2報），日本調理科学会誌，33（1），185-191，2000

8）鶏卵日付表示等改訂委員会：鶏卵の日付等表示マニュアル-改訂版-，https://www.jz-tamago.co.jp/wp/wp-content/uploads/2020/03/E05_3_m_1.pdf（2023/6/9）

9）㈱ナベル：ミートスポットとは？，https://www.nabel.co.jp/tidbits/column/meatspot/（2023/5/15）

10）設樂弘之ほか：5℃もしくは25℃で週間貯蔵が鶏卵のおいしさに与える影響産卵3日目の卵との比較，日本家禽学会誌，57，J45-J52，2020

11）小泉昌子ほか：鶏の週齢のちがいが卵の食味特性に与える影響，日本家政学会第71回大会，2019

# 第3章
# たまごの成分と栄養

## 1　たまごの一般組成

たまご１個の可食部分は約50～55 gである。可食部100 gあたりの全卵（生・ゆで），卵黄（生），卵白（生）の栄養素等成分量を表３-１に示した[1)]。たまご１個（50 g）は約70 kcal，タンパク質は約６ g含まれており，日本人の食事摂取基準（2020年版）に示されている成人のタンパク質推奨量の男性約９％，女性の約12％に値する。また，生とゆでたまごの成分値はほとんど変わらない。

卵黄では，水分が約50％で脂質が約30％，タンパク質は約14％程度，糖類は６％である。卵白は，水分90％とタンパク質10％のみで，脂質は含まれていない（表３-１）。

卵黄は，脂質と結合したリポタンパク質が主成分で，卵黄固形分のほとんどを占めており，水中油滴型のエマルションを形成している。高密度リポタンパク質（HDL），ホスビチン，低

表３-１　可食部100 gあたりの栄養素当量[1)]

| 食品名 | | エネルギー[kcal] | 水分[g] | タンパク質[g] | 脂質[g] |
|---|---|---|---|---|---|
| 全卵 | (生) | 142 | 75 | 11.3 | 9.3 |
| | (ゆで) | 134 | 76.7 | 11.2 | 9.0 |
| 卵黄(生) | | 336 | 49.6 | 13.8 | 28.2 |
| 卵白(生) | | 44 | 88.3 | 9.5 | 0 |

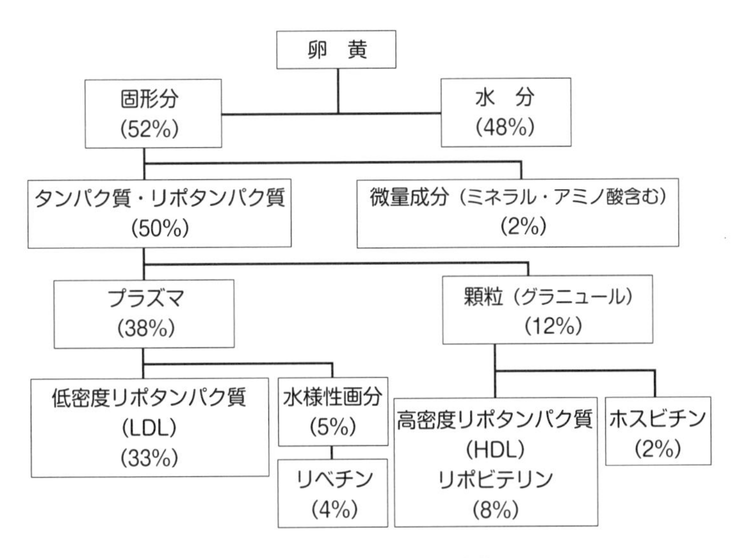


図3-1　卵黄の分画成分

密度リポタンパク質（LDL），リベチンなどがある。卵黄は超遠心分離を行うと，透明な上澄（プラズマ）部分と沈殿する顆粒（グラニュール）に分離される。この分別比率は22：78で，組成が異なる（図3-1）。

## 2 脂　　質

たまごの脂質は，卵白にはほとんど存在せず卵黄中に存在する。卵黄の約30%が脂質で，その内訳は65%がトリグリセロール（中性脂質），31％がリン脂質，４％がコレステロール，加えて微量の色素成分となっている。これらはタンパク質と複合体を形成して，球状のリポタンパク質として存在している。リポタンパク質は表面にリン脂質，リポタンパク質と遊離型コレステロールが存在し，内部にトリグリセロールとエステル型コレステロールが存在する。リポタンパク質は，大きく比重で分けることができる。比重の軽いものが低密度リポタンパク質（LDL），重いものが高密度リポタンパク質（HDL）である。比較すると，LDLは脂質の含有量が85～89％で比重は0.98と軽く，HDLは含まれる脂質が25％と低く，タンパク質が多いため比重が重くなる。

### (1) トリグリセロール

卵黄の脂質を構成する脂肪酸は飽和脂肪酸だけでなく，一価不飽和脂肪酸や多価不飽和脂肪酸も多く含まれている。この組成は，鶏が食べているエサの影響を受ける。エサに含まれる油脂が分解されて鶏の体内に吸収され，一部がたまごの脂質の合成に使われる。エサに不飽和脂肪酸の多い魚粉やアマニ油を入れることで，ドコサヘキサエン酸（DHA）などの多価不飽和脂肪酸を増やすことができる[2)]。不飽和脂肪酸には血中コレステロールを下げるなど，さまざまな作用があり，特に多価不飽和脂肪酸はヒトの体内で合成することができないので，意識して摂取する必要がある。卵黄の脂質には，多価不飽和脂肪酸であるDHAとアラキドン酸（AA）が母乳と同様にバランスよく存在するため，育児用ミルクの脂質源として利用価値がある。不飽和脂肪酸は植物油脂や魚などから摂取することができるが，卵黄も大事な供給源のひとつになっている。トリグリセロールの構造式を図3-2に示す。

### (2) レシチン（リン脂質）

レシチンは，各種のリン脂質を主体とする混合物の総称である。主要な成分は，ホスファチジルコリン，ホスファチジルエタノールアミン，ホスファチジルイノシトール，ホスファチジン酸（PA）およびほかのリン脂質の混合体であるが，ホスファチジルコリンをいう場合もある（図3-2）。レシチンは生体膜の構成成分として，重要な栄養素である。水と親和性の高いリン酸・ホスホン酸エステルと，油と親和性の高い脂肪酸エステルがあるため，乳化剤としても高い機能を示すことが知られており，チョコレートやアイスクリームなどで使われている。

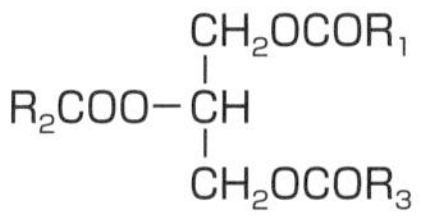

```
            CH2OCOR1
            |
R2COO—CH
            |
            CH2OCOR3
```

トリグリセロール（中性脂肪）

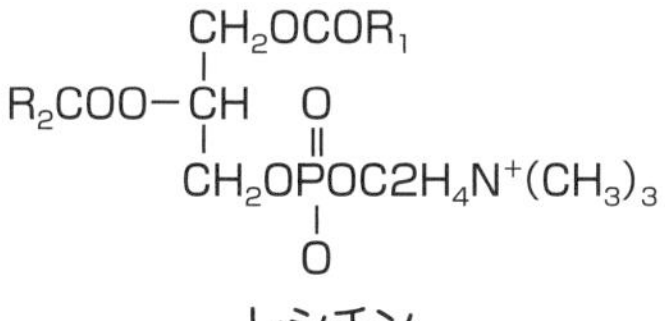

```
            CH2OCOR1
            |
R2COO—CH     O
            |       ||
            CH2OPOC2H4N+(CH3)3
                    |
                    O
```

レシチン
（ホスファチジルコリン）

```
      CH2OCOR1
      |
H—CH     O
      |       ||
      CH2OPOC2H4N+(CH3)3
              |
              O
```

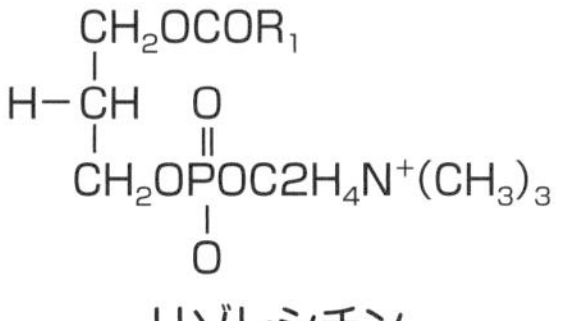

リゾレシチン
（リゾホスファチジルコリン）

図3-2　トリグリセロール，レシチン，リゾレシチンの構造

レシチンから脂肪酸を１つ外したリゾレシチン（図3-2）はさらに高い乳化性をもつことから，食品用の乳化剤として使われるだけでなく，デンプンの老化防止，食品保存性向上などの目的でも使われている。

レシチンは卵黄以外にも，大豆などに豊富に含まれている。卵黄の場合は，ホスファチジルコリンを多く含むのが特徴である。ホスファチジルコリンには，アセチルコリンの原料となるコリンが含まれている。アセチルコリンは運動神経の神経筋接合部，交感神経および副交感神経の節前線維の終末，副交感神経の節後線維の終末などのシナプスで伝達物質としてはたらき，学習・記憶に重要な物質である。このアセチルコリンの合成には，コリンの供給量が重要な因子であることが知られており，卵黄コリンは高齢者が抱える認知症の防止効果が期待されている。

コリン（前編）

コリン（後編）

## (3) コレステロール[3)]

コレステロールは細胞膜，脂質の消化に必要な胆汁酸，性ホルモン，ビタミンＤなどの原料となるもので，人にとってなくてはならない栄養素である。かつては，コレステロールの過剰摂取が冠動脈疾患を引き起こすと考えられていたため，食事による摂取を制限すべきだといわれていた。そのため，卵黄はコレステロールを多く含むことから，摂取量を制限すべきという意見が多かった。しかし，その後の研究から，血清総コレステロール濃度だけでは冠動脈疾患を説明することはできず，現在ではさまざまな要因が複雑に関与していると考えられている。さらには，卵黄摂取により必ず血清総コレステロール濃度が上昇するわけではないという研究結果から，たまごの摂取量を制限する必要がないという意見も多くなっている。

コレステロール（前編）

コレステロール（後編）

コ ラ ム

**「脂質とおいしさ」**

最新の安松らの研究によって，塩味（えんみ）や甘味（かんみ）などほかの味とは独立して脂肪酸の味を伝える神経が鼓索（こさく）神経の一部に発見された[4]。この発見により，人は脂質を味として感じている可能性が示唆されている。それ以外にも，油脂が加わると食品がおいしくなることには，苦みを示す成分が油に溶けやすいなどの理由で味をマイルドにする，香気成分を保持する機能がある，油脂の酸化物が分解する過程で香気成分が発生し，香りがよくなるなどの説がある。また，味に深みと広がりをだすので，コクが強くなりおいしく感じるなどの説もいわれている。たまごは呈味成分となるミネラルや遊離アミノ酸などが少なく，単独では薄味であるため，脂質によるおいしさへの寄与が高いと考えられている。

### (4) その他

卵黄には，微量だが独特な黄色のもととなる色素が含まれている。その中でも，ルテインは加齢性黄斑変性の改善などの機能性があり，重要な栄養素となっている。

## 3 タンパク質[5)]

卵黄は一般組成の節で述べたように，遠心分離によりプラズマとグラニュールに分けることができる。プラズマには水溶性のタンパク質であるリベチンと，２種類のLDLが存在している。一方グラニュールには，リポビテリンとよばれる高密度のリポタンパク質を構成するタンパク質のほかに，ホスビチンとよばれるタンパク質がある。ホスビチンは，カルシウムイオンやマグネシウムイオンとよく結合することが知られている。

卵白タンパク質には数十種類のタンパク質が存在し，オボアルブミンが54％でもっとも多く，オボトランスフェリン12～13％，オボムコイド11％，オボグロブリン８％となっている。いずれも，多くの球状の水溶性糖タンパク質が溶解した状態で，存在している。卵白中に含まれるタンパク質の種類や組成とその性質を表３-２に示した。

オボアルブミンは，卵白の熱凝固性に大きく関与し，起泡性にも影響するといわれている。オボトランスフェリンは，卵白

表3-2　卵白タンパク質の種類・組成とその性質

| 種　類 | 組　成（%） | 性　質 |
| --- | --- | --- |
| オボアルブミン | 54.0 | 熱凝固，リン糖タンパク質 |
| オボトランスフェリン | 12.0〜13.0 | 鉄，銅などを結合し，静菌，抗菌作用，起泡性 |
| オボムコイド | 11.0 | トリプシン阻害，抗微生物作用，アレルゲン物質 |
| オボグロブリン | 8.0 | 起泡性 |
| リゾチーム | 3.5 | 抗菌作用，免疫調節 |
| オボムチン | 2.0〜4.0 | 卵白と卵黄膜のゲル状構造の保持，泡の安定性 |
| オボインヒビター | 0.1〜1.5 | トリプシン，キモトリプシン作用の阻害 |
| アビジン | 0.1 | ビオチンと結合 |

出典）文献5）p.42より抜粋作成

タンパク質の中でもっとも熱凝固温度が低く，58℃で固まる。リゾチームなどいくつかのタンパク質は抗菌活性をもち，そのほかにもオボインヒビターなどプロテアーゼインヒビターをもつタンパク質が含まれ，たまごの保存性に影響する。水様卵白と濃厚卵白は基本的に同じタンパク質であり，オボムチンがリゾチームと相互作用して，卵白のゲル構造に関与している。濃厚卵白と水様卵白のゲル構造が異なるのは，それに含まれるオボムチンの性質のちがいと考えられている。

### (1) アミノ酸価

たまごのタンパク質は，非常にバランスのよい理想的なアミノ酸組成となっている（表3-3）。このため，食品タンパク質の栄養価の基準となる。アミノ酸価とは，食品中に必須アミノ酸がどれだけバランスよく含まれているのかを示す指標で，全卵タンパクのアミノ酸価は100である[2)]。ほかの食材よりもたまごは，ロイシン，リジン，バリン，含硫アミノ酸（シスチン，メチオニン）が多いことが特徴である。カゼイン，大豆タンパク質と比較すると，含硫アミノ酸が高く，大豆タンパク質よりリジンが多く含まれている。穀類のタンパク質は，リジンやスレオニンなどの必須アミノ酸が少なく，制限アミノ酸になっているので，主食と一緒にたまごを食べることで，栄養価を改善することができる。

表3-3　鶏卵（全卵）中のアミノ酸組成（mg/100 g）

| | | | |
|---|---|---|---|
| イソロイシン | 340 | バリン | 420 |
| ロイシン | 560 | ヒスチジン | 170 |
| リジン | 480 | アラニン | 370 |
| メチオニン | 210 | アスパラギン酸 | 660 |
| シスチン | 160 | グルタミン酸 | 850 |
| フェニルアラニン | 340 | グリシン | 220 |
| チロシン | 300 | プロリン | 260 |
| トリプトファン | 96 | セリン | 530 |

出典）文部科学省：日本食品標準成分表2020年版（八訂）アミノ酸成分表編より

## (2) 消化と吸収

摂取したタンパク質が糞尿で排出されることなく，どれだけ体内で利用されたかを示す指標として，「正味タンパク質利用率」がある。たまごは，主要な食物タンパク質のなかで，もっとも高い消化・吸収率（94%）を示している。

## (3) たまご由来のペプチド

ペプチドとは，２つ以上のアミノ酸がペプチド結合をしたものである。アミノ酸は20種類あり，２個のアミノ酸からなるジペプチドでも400種類あることになる。ペプチドはそれだけでなく，３つ結合したトリペプチド，４～10結合したオリゴペプチド，アミノ酸が10よりも多いがタンパク質よりは少ないポリペプチドがあり，種類は無数である。

動物が死亡した直後の魚肉や畜肉は，アミノ酸やペプチドがほとんどないため，あまり味がしない。しかし，死亡して生体活動が停止すると，新しいタンパク質はつくられないが，酵素の活性が残るため，死後時間が経つと筋肉タンパク質が酵素で分解され，ペプチドができる。これにより，畜肉や魚肉は時間が経過すると味が変化する。よい条件で保管すると，熟成されておいしくなる。保存によってこれらの食品の味が変化するのは，内部の酵素によるものだけとは限らない。自然な状態ではさまざまな微生物が存在し，それらが出す酵素によってタンパク質や脂質などが分解される。ほとんどは味を損ない腐敗するが，一部の微生物では，香気成分や有機酸とともにペプチドが生成され風味が向上する。味噌や醤油などは，その例といえる。

鶏卵の場合，受精していなければ生命活動がはじまらない。タンパク質を分解する酵素の存在は確認されているが[6]，pHの高い状態では活性をもたないタイプなので，保管中にはたらくことはない。したがって生卵の味は，長期間置いてもあまり変化しない。このため，たまご由来のペプチドを利用したい場合は，人工的な加工工程を経て製造する。

① 卵白ペプチド

代表的な卵白ペプチドの製造方法を，図3-3に示す。卵白タンパク質には酵素の活性を阻害するインヒビターのはたらきをもつものがあるため，前処理で加熱してその活性を抑える。その後，酵素がはたらきやすい条件にするため，温度やpHを調整する。酵素処理後に酵素活性が残っていると，原料として使用したときにほかのタンパク質を分解して風味や状態を損なう可能性があるため，酵素を失活させる工程が入る。その後，乾燥して卵白ペプチドを得る。

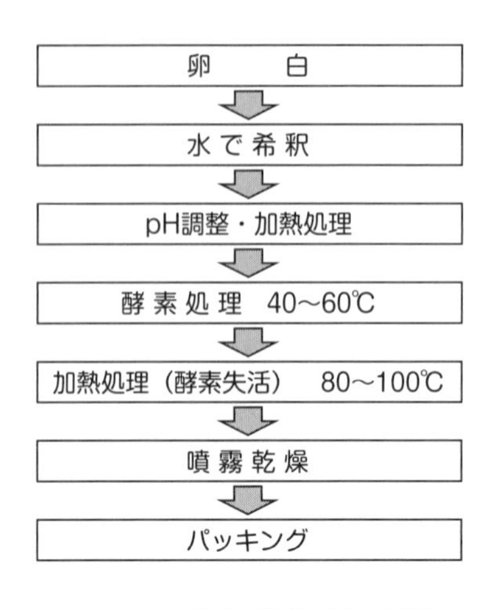


図3-3　卵白ペプチドの調製

卵白ペプチドは苦みが

強いものが多く，風味を強化する目的ではあまり使うことができない。しかし，卵白では出せない機能が発現するので，その目的で使用されている。その機能とは，まず，加熱しても凝固しないということである。この機能があることで，高温で殺菌する工程があるレトルト食品や缶製品などにも使用することができる。

次に，起泡性があげられる。卵白のようなかたい泡にはならないが，簡単に細かい泡が立つのが特徴である。熱凝固しない特徴と組み合わせて，缶コーヒーのカプチーノの起泡剤に利用することができる。飲む直前に缶を振ることで泡が立っておいしいカプチーノになる[7]。

卵白ペプチドには抗酸化性も認められているため，マヨネーズのような乳化油脂製品の油の酸化防止に使うことができる。さらに，温野菜の退色を抑制することもできる[8]。

卵白ペプチドには，生理活性を有するものもみつかっている。動物試験では，血清中の総コレステロールの量を減少させる効果や，肝臓についた脂肪を減少させる効果などが発見されている[9]。また，卵白に含まれるタンパク質のうち，もっとも量の多いオボアルブミン由来のペプチドからは，血圧降下作用をもつペプチドも発見されている[10]。

② 卵黄ペプチド

卵黄の場合，そのままでは脂質が多く，加熱処理などがしにくいため，ペプチドを製造するときには脱脂されたものを使う。このようにつくられたペプチドは，独特のうま味とコク味を有していることから，調味料として使うことができる[11]。たまご製品の風味増強や酸味のマスキング，麺つゆの経時劣化を防ぐなどの効果が報告されている[12]。

## 4　ビタミンとミネラル

たまごは，リン，カルシウム，鉄などのミネラル，ビタミンA，$B_1$，$B_2$，$B_{12}$，Dを多く含んでいる。たまご100 g（約2個）に含まれるビタミンとミネラル含有量および1日に補える割合を，表3-4に示した[13]。日本人に不足しがちな亜鉛15%，ビオチン50%，葉酸17%も多く含まれ，セレンが114%，ビタミン$B_{12}$が38%も摂取できる。完全食品といわれるたまごだが，食物繊維とビタミンCは含まれていない。

たまごは野菜と一緒に摂取すると，消化・吸収率が上がり，栄養効果があると報告されている[14]。また，家庭では捨てられる未利用資源の卵殻にはカルシウムが多く含まれ，微細な粉にすることで食品添加物としてなどの利用が期待されている（第6章参照）。

スクランブルエッグとサラダ

表3-4　全卵，卵黄，卵白100 g中のビタミンとミネラル含量および1日に補える割合

| 成分 | 100 gあたりの含有量 | | | | 全卵100 gで1日に補える割合［%］ |
|---|---|---|---|---|---|
| | 単位 | 全卵 | 卵黄 | 卵白 | |
| RAE* | μg | 210 | 690 | 0 | 19 |
| ビタミン$B_1$ | mg | 0.06 | 0.21 | 0 | 5 |
| ビタミン$B_2$ | mg | 0.37 | 0.4 | 0.35 | 31 |
| ビタミン$B_{12}$ | μg | 1.1 | 3.5 | Tr | 38 |
| ビタミンD | μg | 3.8 | 12 | 0 | 33 |
| ビタミンE | mg | 1.3 | 4.5 | 0 | 16 |
| ビタミンK | μg | 12 | 39 | 1 | 8 |
| ビオチン | μg | 24 | 65 | 6.7 | 50 |
| 葉　酸 | μg | 49 | 150 | 0 | 17 |
| リ　ン | mg | 170 | 540 | 11 | 20 |
| 鉄 | mg | 1.5 | 4.8 | Tr | 26 |
| ナトリウム | mg | 140 | 53 | 180 | 23 |
| カリウム | mg | 130 | 100 | 140 | 5 |
| マグネシウム | mg | 10 | 11 | 10 | 3 |
| 亜　鉛 | mg | 1.1 | 3.6 | 0 | 15 |
| セレン | μg | 24 | 47 | 15 | 114 |

*レチノール当量

出典）文献1）より作成

**「栄養強化卵」**

栄養素が強化された特殊卵である。脂溶性の栄養素は，親鶏のえさに混ぜると，そのまま卵黄に移行する特徴があり，これを利用することで，ビタミンやミネラルなど特定の栄養素を強化することができる。現在，ビタミン強化卵（ビタミンA，D，E，葉酸），ミネラル強化卵（ヨウ素，鉄），脂肪酸強化卵（α-リノレン酸，EPA，DHA）などがある。なお，特殊卵とは，普通卵（一般卵）に対して付加価値をつけたたまごをいい，栄養強化だけでなく，特別なエサを給与した場合や飼育方法に工夫がある場合なども含まれる。

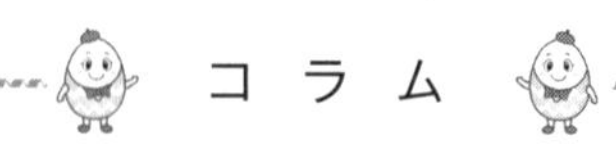


**「まだまだ期待できるたまごの健康機能」**

たまごの健康機能は第３章に書いてあるものだけではない。

卵黄レシチンにコリンが多く含まれていることは脂質のところでも少し触れたが，コリンには動脈硬化の危険因子といわれるホモシステインを除去するはたらきがある。そのため，動脈硬化や脳梗塞の予防や，脂質の代謝がアップすることによる肝機能の改善効果があることが知られている。このためアメリカでは，2001年にアメリカ食品医薬品局（Food and Drug Administration，FDA）から新しい必須栄養素として公表され，１日成人の男性550 mg，女性425 mgの摂取の推奨がすでにされている。

卵白や卵白ペプチドにおいても，内臓脂肪の低減，アスリートの疲労回復，脂肪肝の改善など，さまざまな効果があるとの研究発表がされている。さらに，その機構を解明するための研究が現在はすすめられているところである。
将来，たまごが“ウルトラスーパーフード”とよばれる日が訪れるかもしれないと期待している。

## 引用文献


1）女子栄養大学：八訂食品成分表2022，女子栄養大学出版部，214-216，2022
2）E.C.Naber: The Effect of Nutrition on the Composition of Eggs, Poultry Science, 58, 518-526, 1979
3）松岡亮輔ほか：タマゴとコレステロール，Food Style 21, 18（1），73-75，2014
4）安松啓子ほか：脂肪酸の美味しさ不味さの生体メカニズムの解明へ向けて，オレオサイエンス，21（7），261-268，2021
5）渡邊乾二：食卵の科学と機能－発展的利用とその課題－，アイ・ケイコーポレーション，43-54，2008
6）Jan Wouters. et. al.: Acid proteases from the yolk and the yolk-sac of the hen`s egg. Purification, properties and identification as cathepsin D., International Journal of Biochemistry, 17, 405-413, 1985
7）設樂弘之：加工食品素材としての卵たん白，フードケミカル，23（8），39-44，2000
8）上岡秀也ほか：ボイル野菜の退色抑制並びに保存性向上，特許第4106399号
9）Zhe Jiang. et. al.: Dietary Egg White Protein Hydrolysate Improves Orotic Acid-Induced Fatty Liver in Rats by Promoting

Hepatic Phospholipid Synthesis and Microsomal Triglyceride Transfer Protein Expression, Journal of Nutritional Biochemistry, 98, 2021
10）藤田裕之ほか：卵白アルブミン由来の血圧降下ペプチドOvokininの作用機構に関する研究，農芸化学会誌，68（3），342，1994
11）有満和人ほか：卵製品　特許第3392097号
12）堀池俊介：健康食品の効能・効果 卵醤の特徴と利用，ニューフードインダストリー，42（2），44-48，2000
13）菅野道廣：タマゴの魅力 第4版，タマゴ科学研究会，2023
14）Jung Eun Kim. et. al.: Effects of egg consumption on carotenoid absorption from co-consumed, raw vegetables, American Society for Nutrition, 102, 75-83, 2015

# 第4章
# 料理をおいしくするたまごのはたらき

# 1 たまごの機能性

鶏卵は栄養面で優れているだけではなく，熱凝固性（ゲル形成），起泡性，乳化性，流動性，希釈性，風味・色調などの機能性ももっている。熱凝固性は熱を加えると固まる性質，起泡性は空気を抱き込み泡立つ性質で，ふんわりした食感を与える。乳化性は卵黄の脂質成分が，混ざりにくい水と油の分子を均一に混ぜ合わせる機能をいう。風味・色調は卵黄の色と風味を調理に生かす機能で，食事に黄色の視覚効果を高め，焼き色をつけることで，料理をさらにおいしくみせることができる。

表4-1　たまごの機能性とその応用例

| 機能性 | 応用例 |
|---|---|
| 熱凝固性 | ゆでたまご，温泉たまご，デビルエッグ，目玉焼き，たまご焼き，たまご豆腐，プリン，茶わん蒸し，鶏卵素麺，ハム，スープの清澄 |
| 乳化性 | マヨネーズ，ドレッシング，カルボナーラ，ソース，アイスクリーム |
| 起泡性 | スポンジケーキ，シフォンケーキ，メレンゲ，マカロン，マシュマロ，たまごふわふわ |
| 風味・色調 | パン，マヨネーズ，カステラ，ホットケーキ，カスタードクリーム |
| 流動性・粘性 | たまごかけご飯，すき焼き，たまごとじ，ハンバーグのつなぎ，フライの衣 |

たまごはいろいろな食材と混合しやすく，脂質の多い卵黄の付与により，料理にコク味を与えておいしくする。また，卵白の淡白な味となめらかなテクスチャーは食べやすさや，おいしさに関与している。これらを活用した調理法や加工食品は，家庭から食品企業まで広く利用されている。その応用例を表4-1に示す。

## 2 熱凝固性

タンパク質の熱凝固は，加熱による三次構造の変化により分子が凝集と反発をすることによって起こる。たまごの凝固温度は種々のタンパク質が熱変性する温度のちがいにより決まるので，卵黄と卵白の凝固温度が異なる。卵黄は，68～70℃で凝固する。卵白は60℃前後から凝固しはじめ，70℃では流動性のあるゾル状態で，しっかりかたく凝固した状態にするには80℃以上の温度が必要である。

たまごをゆでる場合，内部へ熱が伝わるのに時間がかかるため，加熱時間を変えることで半熟卵や全熟卵（固ゆでたまご）をつくることができる。この性質を利用して，いろいろな状態のゆでたまごや温泉たまごをつくることができる。

ゆでたまごの場合は，水温の上昇温度の影響を受けるため，鍋の大きさや水の量により多少異なるものの，水からつくる場合はたまごを入れて沸騰（ふっとう）後３分加熱で卵黄に流動性が残る半熟

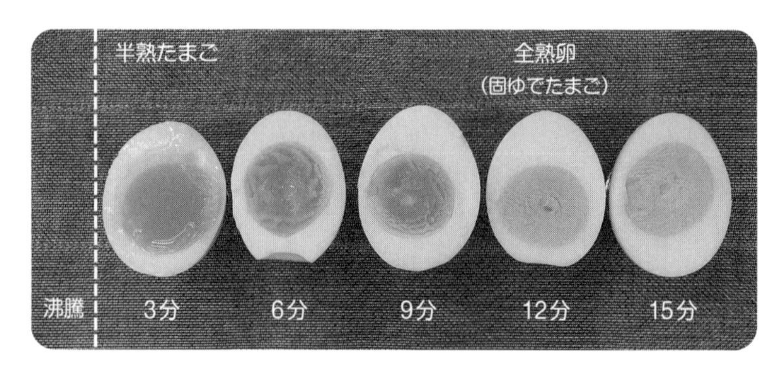


**図4-1　ゆでたまごの写真（断面）**

卵に，12分加熱で卵黄が完全に凝固した全熟卵ができる。沸騰水にたまごを入れて加熱することもできるが，冷蔵庫で保管されているたまごを使うと，投入時に温度差による突沸が起こったり，たまごが割れたりする。沸騰水に入れる場合は，たまごを室温に戻し，おたまなどを使用して静かに入れるとよい。また，再沸騰までに時間がかかるため，水からたまごを入れるよりも2，3分は多く加熱する必要がある。

沸騰後，3分ごとに15分まで加熱したたまごの断面を示す（図4-1）。たまごは，取り出してからすぐに水につけて冷まさないと加熱が進んでしまう。また，15分以上加熱した場合，卵白の含硫アミノ酸の分解により，発生した硫化水素が温度の低い中央部に移動し，卵黄に含まれる鉄と反応して硫化鉄ができ，卵黄表面が暗緑色になる。たまごの鮮度が低い場合は，卵白のpHが高く，アミノ酸の分解が起きやすくなるため，この現象が起きやすくなる。

## ●熱凝固性に影響するpHや塩類

熱凝固性は，pHや塩類などにも影響を受ける。産卵直後の卵白は，溶存している炭酸ガスの影響でpH 7.0～8.0である。この時点でゆでたまごにすると，卵白は卵殻膜と強く接着して殻がむきにくくなるうえ，つやのないもろい卵白ゲルになるため，口ざわりがよくない。これがpH 9.0以上になると，卵殻膜と卵白は離れやすくなり，卵白ゲルも表面がなめらかなで弾力のあるものになる。したがって，数日間保管（pH 9.0以上）してから，ゆでたまごにした方がむきやすく，おいしい。

塩類は，たまごのタンパク質の凝固を促進し，砂糖は抑制する。このため，オムレツなどのたまご焼きには，食塩を加えるとつくりやすくなるが，砂糖を多く入れる場合には，やわらかく整形しにくくなる。牛乳は，塩類を多く含むため，たまごと牛乳を混ぜると加熱ゲルがかたくなる。たまご，砂糖，牛乳でつくるカスタードプディングは，たまごの配合量が少なくても固まる。一方，たまごとだしでつくる茶わん蒸しのように，たまごの配合量が少ないレシピの場合は，だしの中の食塩だけでなく，別に食塩を加える配合にしないと固まらないことがある。

# 3 起 泡 性

たまごの起泡性は卵白だけでなく，卵黄にもある。卵白に含まれるタンパク質が空気を含むと，空気と液の境界に集まり表面張力を下げることで泡を形成する。さらに，グロブリンやオボトランスフェリンが空気に触れることで変性し，不溶化して膜をつくることで安定した泡がつくられる。

卵白は泡立ちの進み方により，「Ⅰ.アラ泡」「Ⅱ.ヌレ泡」「Ⅲ.カタ泡」「Ⅳ.カレ泡（乾いた泡）」の４段階に分けられる[1,2]（図4-2）。黒い部分が卵白，白い部分が抱き込んだ空気である。「Ⅰ.アラ泡」は，そのままでは調理にはあまり使用しない。ⅡやⅢの泡が調理に利用しやすく，Ⅳまで泡立ててしまうと，空気が抱き込まれ過ぎて，泡が分離した状態になる。

起泡性を利用しているのが，卵白と砂糖でつくるメレンゲである。メレンゲの調理ポイントは，卵白が「Ⅰ.アラ泡」程度まで泡立ってから砂糖を何回かに分けて加え，十分に泡立てることである。砂糖をはじめから入れると卵白の粘度が高くなり，泡立ちにくくなる。一方で，砂糖を入れるタイミングが遅く，図4-2のような「Ⅳ.カレ泡」になってしまった場合でも，カレ泡のなりはじめであれば，砂糖を入れて混ぜればなめらかな泡に戻る（図4-3）。

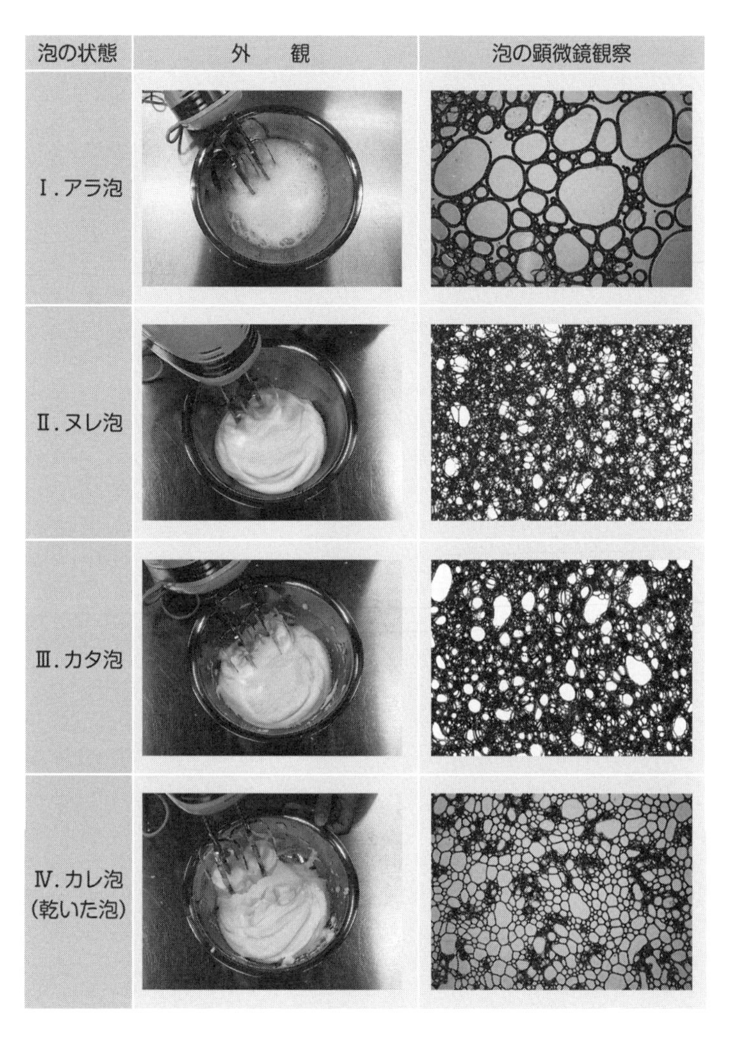


図4-2　卵白の起泡性と泡の状態（塗抹標本）

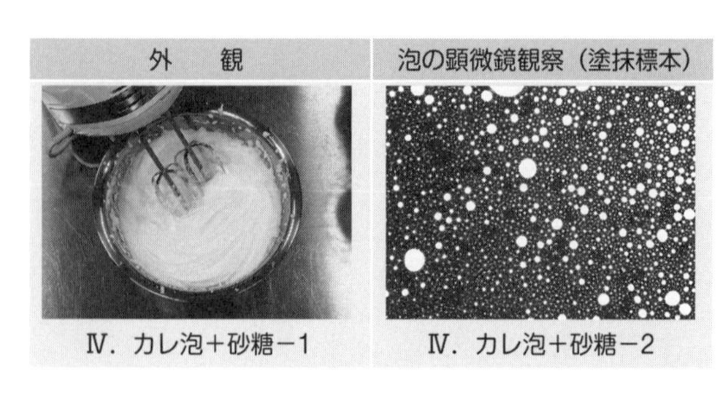


図4-3　カレ泡に砂糖を添加して撹拌した泡の状態

表4-2　卵白の起泡性に影響する原料[2)]

| 原　料 | 起泡性 | かたさ |
|---|---|---|
| レモン果汁 | ○ | ○ |
| クリーム・オブ・タータ* | ○ | ○ |
| 砂　糖 | △ | ○ |
| 卵　黄 | △ | △ |
| 牛乳，生クリーム，サラダ油 | △ | △ |
| バター，マーガリン | × | × |

○：よい，△：少し悪い，×：悪い
*酒石酸水素カリウム（膨張剤・pH調整剤）

泡立ちに影響する原料を表4-2に示した[2)]。泡立ちをよくしてかたい泡をつくるためには，卵白のpHを下げることが効果的である。一般的には，レモン果汁やクリーム・オブ・タータ（酒石酸水素カリウム）が使われ，泡のかたいメレンゲやマカロン，エンゼルケーキなどをつくるときに使われる。砂糖の添加は，泡をかたくする。一方，卵黄や牛乳，生クリームは，卵白の泡立ちや泡のかたさを低下させる。また，固形脂であるバターは，卵白に混ざると泡が立たなくなってしまうため，卵白を泡立てるボウルは，きれいに洗って油脂分を落としてから使うことが大切である。

## 4 乳 化 性

乳化とは，本来混ざり合うことのない油と水が均一に混ざった状態のことをいう。たとえば，油と食酢でできているドレッシングのようなものは，容器に入れて振ると，一時的に混ざったように見えるが，時間が経つと二層に分離する。しかし，ここに乳化作用のある成分を混ぜ合わせれば，時間が経っても分離しない。この乳化作用のある成分のことを乳化剤とよぶ。

乳化剤は，１つの分子に油に溶けやすい部分と水に溶けやすい部分が共存しているため，水と油の界面に吸着し，反発を防止する（図４-４）。乳化剤の性質によって，バターのように水の周りに油が存在する形態（油中水滴型エマルション）と，マヨネーズのように油の周りに水が存在する形態（水中油滴型エマルション）をとる。油中水滴型エマルションは表面に油が出ているため，手で触れたり，食べたりすると油っぽく感じる。一方，水中油滴型エマルションは表面が水なので，さらさらとし

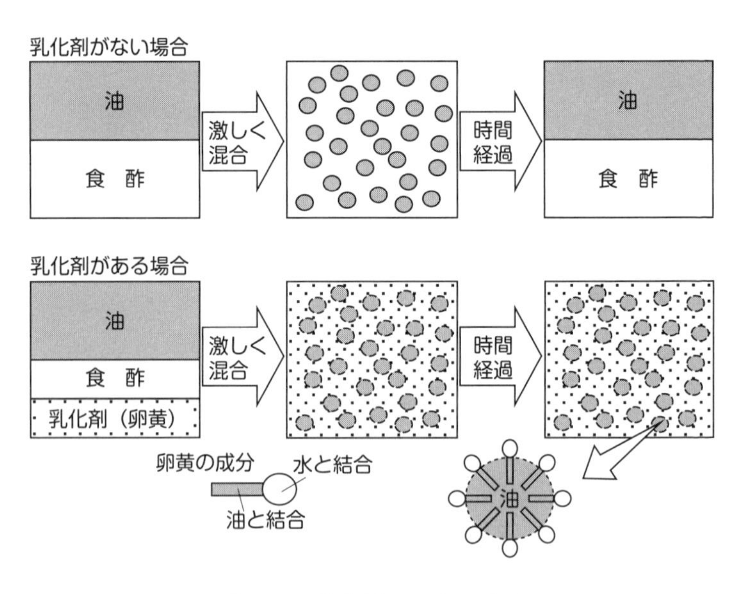


図4-4　乳化剤（卵黄）の作用

て水の中に容易に分散する。

卵黄には，水中油滴型をつくる乳化剤のはたらきがある。これは主に卵黄成分のうちLDL成分の強いはたらきによるといわれている[3)]。卵黄の乳化性は，アイスクリームやケーキ，チョコレート，生クリーム，チーズなど，さまざまな食品製造に利用されている。油っぽさを感じずに油のコクが出せるので，水中油滴型エマルションを隠し味として添加した食品も多く存在する。

# 5 風味・色調

食事をおいしく見せるのに，黄色の食材は大変効果的だ。そのため，黄色いたまご料理を食事に取り入れることでおいしさはアップする。たまご以外の食材には，パプリカ，たくあん，さつまいもの煮物などがあるが，食材としては数少なく，たまご料理がよく利用される。ちらしずしや五目炊き込みご飯にも，薄焼きたまごのせん切り（錦糸たまご）をのせ，いろどりをよくする。かきたま汁においても，用いられるたまごの黄色が映えてごちそうの一品になる。お弁当のおかずでは，厚焼きたまごやだし巻きたまごもいろどりをよくしている。たまご焼きはお弁当に入れる好きな料理ベスト10に必ず入っている。いろどりだけでなく，だしの香りや甘みのある味，食感でも好まれている。たまごに砂糖を加えると焼き目がより強くなり，メイラード反応による香りも加わり，さらにおいしくなる。

たまご焼きなどをつくって放置すると色つやがよく見えるのは，卵黄内部の脂肪球が表面ににじみ出てくるからである。たまごの使用は色だけでなく，つやもよくする。たとえば鶏卵素麺，スクランブルエッグなどがある。また，パンなどの表面にたまごを塗るのもそのためである。

**「卵黄の赤いたまごは，本当においしいのか？」**

日本では，たまごの卵黄が赤い方がおいしそうに見えるという人は多く，そのためか日本の卵黄の色はほかの国より赤く，濃い色で市販されている。視力が低下しやすい高齢者には，鮮やかな色彩の食事にするという高齢者施設の栄養士さんの話や，SNSに料理の写真をあげるときは，赤いフィルターをかけると，さらにおいしそうに見えるという話もある。赤い色で鮮やかさが増し，おいしく見えるのはまちがいないようだ。そこで，たまごの赤色の影響をみた。

ヨークカラー（YC）の11（一般市販たまごの色），13（栄養強化卵の色），15（通常のYCでもっとも赤いたまご）のたまごを用いて，ゆでたまごをつくった。これを高齢者８名と女子大学生24名に食べてもらい，色と味の好みを聞いた。

いずれの年代でも色および味の好みにおいて，卵黄色のちがいによる差はなかった。味覚センサーによる結果でも，YC15試料のコク味が強いというデータは出なかった。赤い卵黄は味が濃くおいしいかというと，そうではないという結論である。

## 引用文献

1）日本卵業協会：タマゴのソムリエハンドブック（第3版），2019
2）市村司：あなたの知らないタマゴの世界（５），Pain，64，12-15，2017
3）田名部尚子：卵の食品機能特性と調理利用学について，日本調理科学会誌，23（３），228-232，1990

# 第5章
# たまご料理のおいしさ

# たまごの調理

私たちは，料理を目で見て食欲がわき，香りで食欲がかきたてられ，食べてみて歯ざわり，舌ざわりや味を感じて，おいしさを判断する。また，触ったときや食べたとき，食べている人の音からもおいしそうな食べ物を想像する。このようにおいしさには，視覚，嗅覚，聴覚，味覚，触覚の五感が使われる。

たまご料理の黄色，あるいは卵白の白と卵黄の黄色のコントラストは，食事をおいしく見せる効果（視覚効果）がある。

たまごの香りは卵白の硫化水素臭に代表され，ほのかに香る程度であれば，たまごらしさを感じる。生たまごにおいては，生臭いにおい（魚臭）を感じることがあり，これはエサに由来するトリメチルアミンであることが知られている。そのため，お菓子に用いる場合は香料を添加し，低温加熱の調理では醤油や味噌，酢などを用いてマスキングする。

味では，卵黄は脂質由来のコク味，卵白は淡白な味，全卵は穏やかなやや甘みのある味をしている。どんな食材とも混ざりやすいので，料理にコク味を付与し，卵白の水分でやわらかさを与える。泡立てた場合にはふわふわな食感になり，加熱すると卵白と卵黄の凝固温度の差異により，不均一なテクスチャーも得られる。

聴覚では，たまごを焼くときのジュッとする音，たまごを混ぜるときのカシャカシャ音は，たまごを使っていることがよくわかる。たまご好きには，おいしく感じる音である。スポンジケーキやシフォンケーキをフォークなどで割るときには，シュワシュワっと音が聞こえ，その感触を感じるとともに，食べるときのおいしさに想像が膨らむ。

たまごは，殻つきまたは割卵，卵白と卵黄を分けるという使い方だけでなく，そのまま生や加熱，卵液の撹拌程度の多少，加熱温度や時間などにより，さまざまな食感と味の料理をつくることができる。

表5-1にたまごの使用方法による調理の分類を示しているが，これだけでも多彩な調理ができることがわかる。

表5-1　たまごの使用方法による調理の分類

| たまごの使用方法 | 調理品名 |
|---|---|
| 殻つき調理 | ゆでたまご，半熟卵，温泉たまご |
| 割卵後調理 | 落としたまご，ポーチドエッグ，目玉焼き |
| よく混ぜて調理 | だし巻きたまご，スクランブルエッグ，オムレツ，炒りたまご，伊達巻，薄焼きたまご，天ぷらの衣，シュー，クッキー |
| 軽く混ぜて調理 | 厚焼きたまご，たまごとじ |
| 泡立てて調理 | バターケーキ，スポンジケーキ，たまごふわふわ |
| 卵白のみ使用 | メレンゲ，マシュマロ，エンゼルケーキ，マカロン，鶴の子 |
| 卵黄のみ使用 | 鶏卵素麺，マヨネーズ，黄身酢，黄身の味噌漬け |
| 卵白と卵黄を加熱して再調理 | 錦たまご，二色たまご，金銀たまご，煮たまご |

# 1　たまごかけご飯（TKG）・ふわふわたまごかけご飯

## 材　　料

たまご　1個
ご飯　　120 g
醤油　　小さじ2

## つくり方

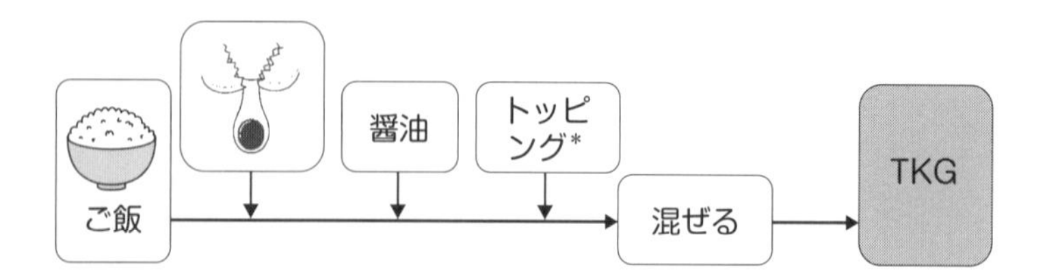


＊しらす干し，ごま，のり，ふりかけ，アボカド，明太子，紅しょうが，昆布の佃煮など自由に加える

### ●ふわふわたまごかけご飯

温かいご飯によく泡立てた卵白をのせ，その上に卵黄を加えて醤油で調味する。

ふわふわ
たまごかけご飯

## ポイント

たまごかけご飯のおいしさのポイントは，たまごの鮮度と卵黄のコク味である。鮮度のよいたまごは濃厚卵白が多く，甘みが強い。そして，卵黄は水分が少ないのでコク味を強く感じる。さらに，粘度が高いので，飯粒を包んでたまごの味を強く感じさせ，温かいご飯だけでなく，熱々でも冷めたご飯でも食べることができる。熱々ご飯の場合，たまごの一部が熱凝固して，また別な食感になる。美食家として有名な魯山人(ろさんじん)は，熱々のご飯に，手のひらで30分温めたたまごをのせることを推奨していた[1)]。

また，ご飯を電子レンジで熱々にしたところに卵白のみを先にかけて混ぜると，卵白がやわらかく凝固する。そこへ卵黄を加えると，新食感のたまごかけご飯ができあがる。卵白の臭みが苦手な人には食べやすくなるので，ぜひ試してみていただきたい。

醤油はたまごの生臭さを消すのに有効である。たまごかけご飯用醤油が数種以上市販されているが，普通の醤油より少々甘く，だしが効いている。塩分含有率は６％前後のものが多く，使う際は醤油の２倍量が必要である。また，少し変わったウニ醤油やトリュフ風味醤油なども合う。

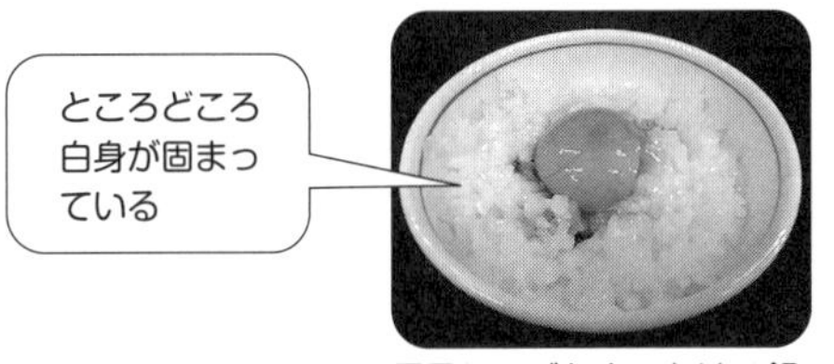

電子レンジたまごかけご飯

## 特　徴

明治時代に，岡山県美咲町の出身である岸田吟香(ぎんこう)がたまごかけご飯の普及に貢献したことから，美咲町はたまごかけご飯の聖地とされている。

たまごかけご飯は，日本独特のソウルフードで，しかも世界最速料理である。ご飯に不足するリジンをたまごのアミノ酸が補い，栄養価が高まる。

たまごかけご飯１杯を食べたときの栄養量は，エネルギー264 kcal，タンパク質8.5 g，脂質4.9 gである。１食分の栄養量としては不足なため，たまごに含まれていない食物繊維とビタミンCの補充もすると，バランスがよくなる。栄養量としては，野菜，果物，乳製品，タンパク質食品を少し加える。栄養的に豆類との組み合わせも有効である。納豆に生たまごを組み合わせると，卵白のアビジンが納豆のビオチンの吸収率を下げるといわれているが，卵黄からも多くのビオチンが摂れるため，この組合せでビオチンの摂取量が大きく減少することはなさそうである。納豆以外にツナや豆腐などもよい。

図5-1　たまごかけご飯との組み合わせ例

# 2　全熟卵（固ゆでたまご）

## 材　料

たまご　1個

## つくり方

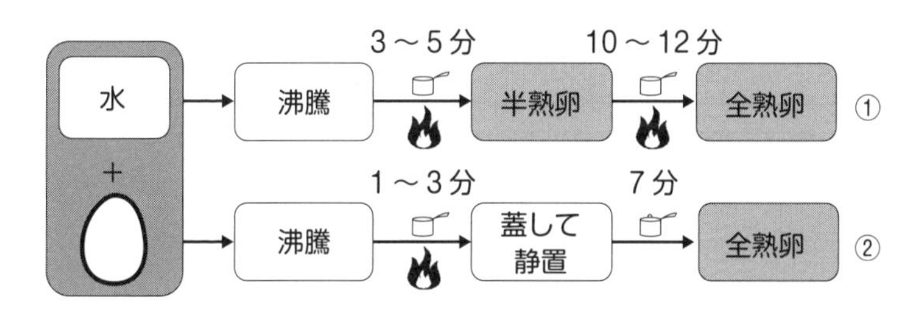


## ポイント

卵黄を真ん中のゆでたまごにするには，卵白の凝固温度（70℃）までにたまごを軽く転がす。一般的な調理方法以外に，たまごの凝固温度を余熱で保って全熟卵をつくる方法や沸騰してからたまごを入れる方法もある。たまごは冷蔵庫で保管しているので，沸騰時に入れる際にたまごの温度差に注意する必要がある。ザルなどを用いて静かにたまごを投入し，沸騰するまでの２～３分を加熱時間に追加する。

たまごは鮮度がよすぎると殻がむきにくい。新鮮なたまごは，卵白に炭酸ガスが含まれており，pHが低いため，加熱してもボソボソとした壊れやすい卵白ゲルになる。さらに卵殻膜と卵白が結合するため，卵白が欠けて殻のほうに残ってしまう。２，３日経過すると，卵白から炭酸ガスが抜けて卵白のpHが上昇する。そうなると，加熱した卵白ゲルは弾力のあるゲルになる。また，卵殻膜と卵白の結合力が弱くなるため，卵白は卵殻膜から簡単にはがれて，卵白を崩さずに殻がむけるようになる。ただし，２，３日ではpHの上昇が十分でない場合もあり，むいたときに卵白が欠けることもある。このような可能性が考えられるときには，加熱前に気室のある鈍端にヒビや穴をあけておくと，卵白と卵殻膜の間に水が入り，結合がなくなるので簡単に殻がむける。

全熟卵の卵黄は，ふかしたてのいもを食べたときのようにホクホクしている。加熱により卵黄中の卵黄球が壊れず融合して

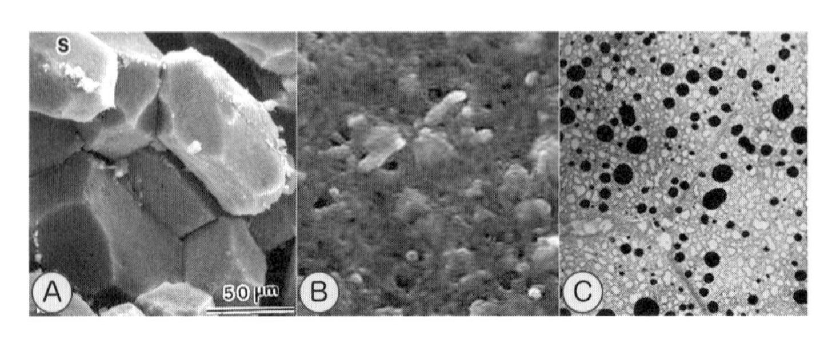


**図5-2　全熟卵の卵黄球とその表面[2)]**

50 μm程度の多面形になった粒子が舌の上にのり，それをホクホクしていると感じるためである。多面形の粒子は，加熱により水の一部が蒸発するため表面に。凹凸が生じる[2)]（図5-2B, C)。この凹凸が舌にのるとホクホク感が増す。この食感は人によっては，むせて食べにくいと感じたり，ざらざらしておいしくないと感じたりすることがある。そのような場合はマヨネーズや醤油を混ぜると，なめらかさが出て食べやすくなる。

図5-3　ゆでたまごに関連する道具

たまごは，加熱後すぐに水で冷やすと，熱膨張した卵白が急激に冷やされて収縮するため，卵殻膜と卵白がはがれやすくなる。半熟卵の場合は卵白がやわらかく，卵殻からはがれにくいので，エッグスタンドに立てて，上からスプーンでたたいて殻を割り，すくって食べる方法もある。この殻を割る道具も多種市販されている（図5-3）。使い方は動画参照（p.113)。

# 3　温泉たまご

**材　　料**

たまご　1個

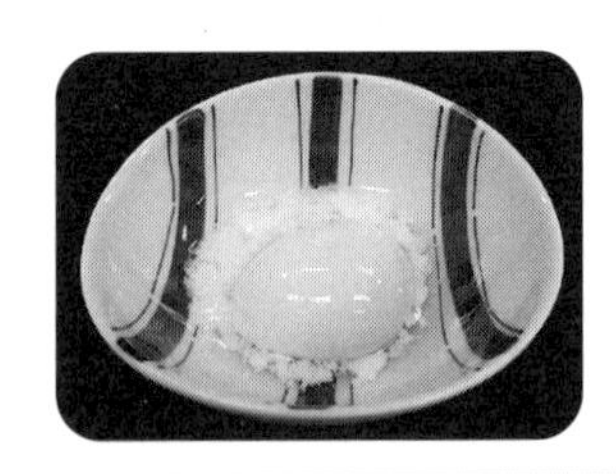

**つくり方**

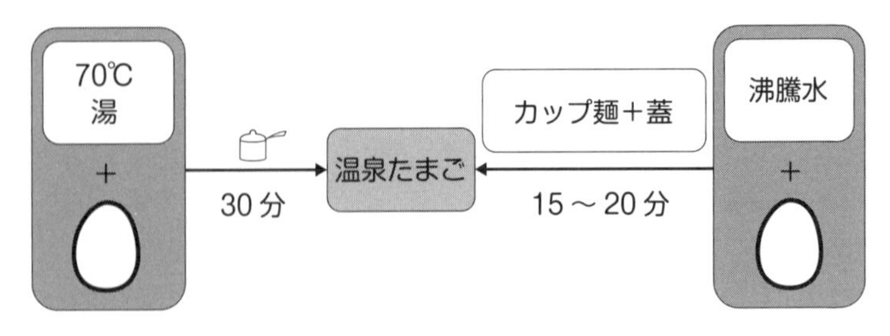


### 1　通常の方法

温泉たまごは，加熱温度68℃～70℃で約30分加熱する。卵黄はほぼ凝固して盛り上がり，卵白は半凝固状態のため，水分が多く食べやすい。目玉焼きや半熟卵より卵黄が加熱されており，流動性が少ないので箸で持ちやすい。市販品は10℃以下のチルドで販売されており，冷たくしてたれなどをかけて食べる。しかし，手づくりの温かい温泉たまごもおいしい。最近では，卵黄が凝固していない温泉たまごもみられ，卵黄の流動した状態をソースとして用いている調理が多い。そのため，68℃未満の加熱温度による卵でも温泉たまごとして扱われている。

### [2] カップ麺容器の利用

温度を保つのに，カップ麺の容器を用いると便利である。カップ麺の容器の中で重ならないようにたまごを入れ，線まで沸騰水をそそぎ蓋をし，15～20分おくとできあがる。放置時間は，カップ麺の容器の容量や材質によって異なる（p.113参照）。

### [3] 63.5℃の温泉たまご

図5-4の温泉たまごは，63.5℃くらいで60分加熱して，その後，水洗いをしたたまご料理である[3)]。64℃ 40分で，図5-4と同じ状態になるといっているシェフもいる。この温度帯では，オボトランスフェリンしか熱変性しないが，これだけではゲル化しない。しかし濃厚卵白に含まれるオボムチンの構造が補助的な役割を果たし，ゲル化する。一方で，外水様卵白にはオボムチンが含まれないので，ゲル化しない。そのため殻を割って外水様卵白を水で洗い流し，濃厚卵白と卵黄のみを取り出す。卵白が透けて，卵黄が見える。卵黄も凝固手前の温度であるため，流動性があり，卵黄ソースとして使える。ただし，可食率は約20%減少する。

図5-4　63.5℃の温泉たまご

## 4　デビルエッグ（全熟卵の応用）

**材　　料**

全熟卵　　　　　1個
マヨネーズ　　　10～15 g
らっきょう漬け　1個
　　　or
スイートピクルス（みじん切り）5 g
〈飾り〉こしょう，パプリカなど

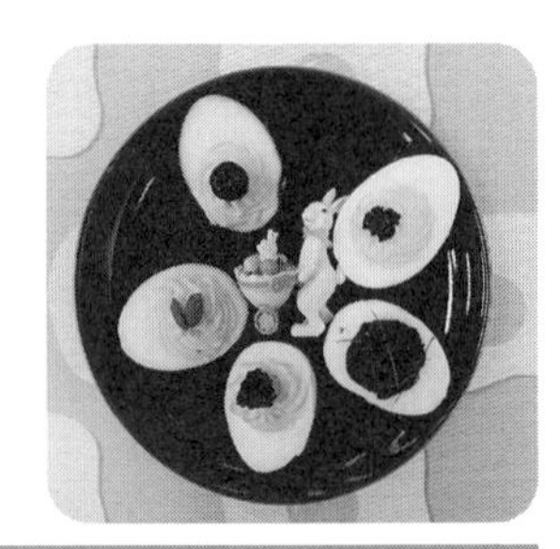

**つくり方**

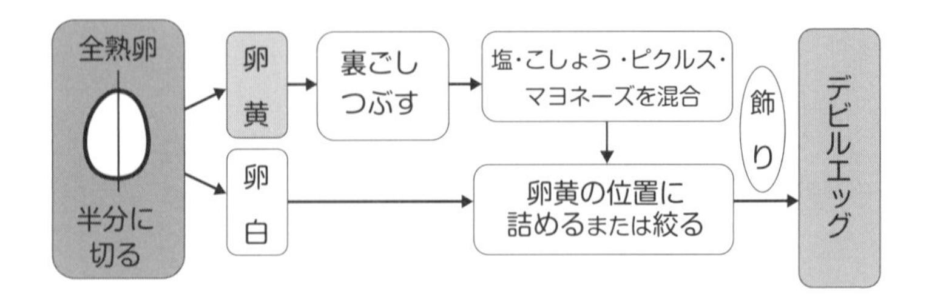


**ポイント**

卵黄部分に詰めるので，全熟卵を卵黄が真ん中にくるようにゆで，すぐに冷まし，糸などを使ってきれいに半分にする。

卵黄を真ん中にするには，全熟卵（p.73）を参照。

## 特　　徴

春のイースターの行事食はデビルエッグである。たまごは生命を意味している。こしょう味，パプリカなどのスパイシーな（ピリッとした）味つけにしているので，デビルエッグといわれている。

## バリエーション

- キャビア，いくら，とうがらしのせん切り，クコの実，芽ねぎなどは卵黄部分の上にのせると黄色に映えてよりおいしそうに見える。
- 卵黄をデビル風な色（黒色）にする。ゆで卵黄1個にわさびマヨネーズ7.5 g，イカ墨ペースト1袋2 g，らっきょう2.5 g を混ぜて卵黄部分に詰める。イカ墨以外の黒豆，黒オリーブ，黒ゴマ，煮たひじきなども試みたが，黒色にならずにグレー色になってしまう。また，からしマヨネーズやわさびマヨネーズは，デビルエッグの味つけによく合う。
- デビルエッグに春らしく，かわいい調理をしてみる（口絵参照）。ゆでた卵白に色をつけることもできる。合成着色料ではなく天然素材を利用しても，口絵のよ

表5-2　カラフルな天然素材

| 色 | 材　料 |
|---|---|
| 黄 色 | くちなしの実<br>ターメリック<br>マンゴー |
| 紫 色 | 紫キャベツ |
| 青 色 | ブルーベリー |
| 黒 色 | 黒オリーブ瓶詰め汁 |
| 赤 色 | いちご |

うにいろいろな色に卵白が染まる。ゆでた卵に色をつける，卵黄を取り出した後の卵白に色をつけると，色のつき方が変わる。いちごやブルーベリーは，冷凍品に水を加えて電子レンジにかけると，赤や紫の液ができる。

●デビルエッグは卵白だけではなく，卵黄の色も変えることができる。デザート風にフルーツ色のデビルエッグを紹介する（口絵参照）。たまごはピュアホワイトのような白い卵黄を用いると色が美しくでる。いずれも冷凍果実を使用し，それをつぶして着色している。ブルーベリーのレシピは，からしマヨネーズとスイートピクルスもあう。

いろんな色の卵黄をつくろう

| 黄色の卵黄 | |
|---|---|
| ゆで卵黄 | 1個分 |
| マンゴ（冷凍） | 13 g |
| クリームチーズ | 10 g |
| からしマヨネーズ | 6.2 g |

| 黄色の卵黄 | |
|---|---|
| ゆで卵黄 | 1個分 |
| からしマヨネーズ | 10 g |
| ターメリック | 少々 |

| 水色の卵黄 | |
|---|---|
| ゆで卵黄 | 1個分 |
| ブルーベリー（冷凍） | 2 g |
| ヨーグルト | 10 g |
| クリームチーズ | 5 g |

| 水色の卵黄 | |
|---|---|
| 白いゆで卵黄 | 1個分 |
| ブルーベリー（冷凍） | 5 g |
| からしマヨネーズ | 7 g |
| スイートピクルス | 5 g |

| 赤色の卵黄 | |
|---|---|
| ゆで卵黄 | 1個分 |
| いちご（冷凍） | 10 g |
| ヨーグルト | 5 g |
| クリームチーズ | 10 g |

| 緑色の卵黄 | |
|---|---|
| ゆで卵黄 | 1個分 |
| アボカド | 20 g |
| わさびマヨネーズ | 7 g |
| スイートピクルス | 5 g |

# 5 目玉焼き

## 材　料

たまご　1個
油　　　小さじ1/2
水　　　小さじ1～2
〈調味料〉塩，醤油，ケチャップ

## つくり方

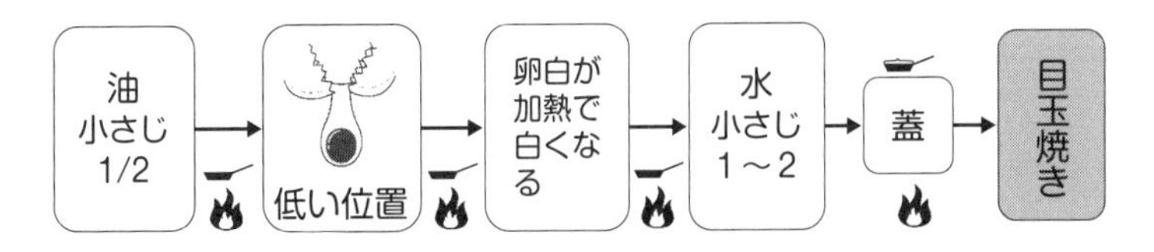


**ポイント**

おいしい目玉焼きのコツは，たまごをフライパンに近づけて静かに入れることである。そうすると卵黄がふっくらとして，高さのある目玉焼きができる。簡単な料理だが，おいしくつくるのは難しい。卵黄を先に入れて，卵白をかぶせる方法や，卵白を先に入れて焼き，その後に卵黄をのせることで，卵黄が焼けすぎないようにする方法も紹介されている。おいしさのポイ

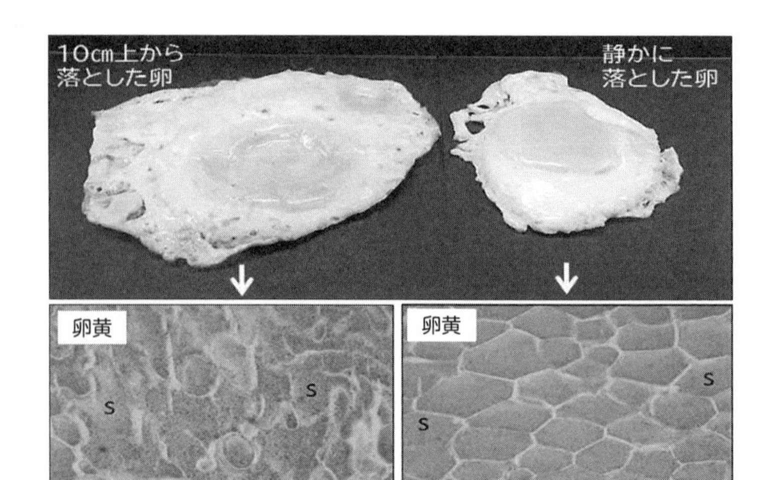


S：卵黄球〔左→形状不明瞭か球状，右→多面形〕
上からの落とし方のちがいによる目玉焼きとその卵黄の構造（クリオスタット切片，トルイジン青染色）

図5-5　フライパンに入れる高さによる目玉焼きの卵黄[4)]

ントは，卵黄の中心がトロッとして，加熱されすぎていないことである。静かに入れるのは，卵黄が流動性をあまりもたない状態で加熱され，ふっくらできるためである[4)]。上から勢いよく入れると，図5-5のように卵黄球が壊れてしまい，ふっくらできない。

ここでは，油を少量使い，たまごを入れたら水を少々加え，蓋をする方法をおすすめる。この水の量が多いと，油と水とたまごの水分の蒸発の気化により，びっくりするほどすごい音がする。最近では水を入れず，そのまま蓋をしないで焼いている人が多いようだが，卵白のふっくら感が消えてパリパリになる。卵白に少し焼き目がほしい場合は，水の量を減らすとよい。

目玉焼きにつける調味料について女子大学生約100名にアンケートを取ったところ，塩，醤油が半数以上だった。ほかには，マヨネーズ，ウスターソース，オイスターソース，タバスコという回答もあった。

 コラム 

**「キュートな目玉焼き」**

たまごを割り，ザルの上で軽く振って外水様卵白を落として，濃厚卵白と卵黄を残す。蓋をして，弱火でじっくり，フライパンで焼く。卵白が広がらないので，丸く美しい目玉焼きになる。しかも，濃厚卵白は構造が複雑で保水性が高いので，もちもちした食感になる。水様性卵白がない分，卵黄が大きく見える。加熱時間が長いので，卵黄を覆っている卵白がすべり落ち，卵黄の色が濃く見える。新鮮なたまごであれば水様卵白の廃棄量は少ない。振り方によって全卵の約25％が廃棄される。それを利用しないともったいない。

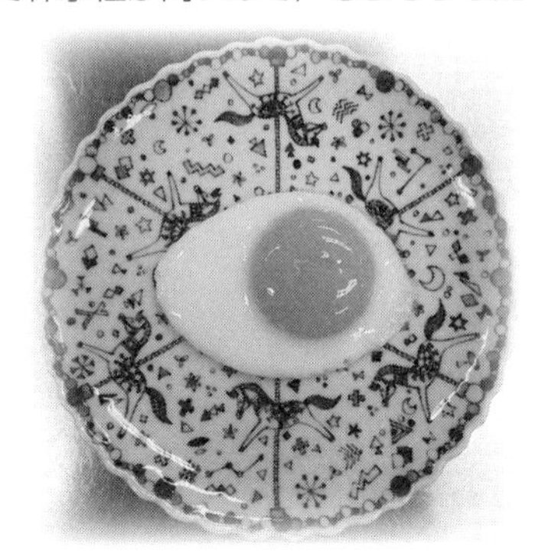

# 6　厚焼きたまご・だし巻きたまご

## 材　料

### 厚焼きたまご

たまご　２個
油　大さじ１
かつおだし　大さじ２（30 g）
（たまごの27％）
砂糖　小さじ１（11 g）
（たまご＋だしの８％）
うすくち醤油　小さじ2/3（４ g）

### だし巻きたまご

たまご　２個
油　大さじ１
昆布出し　55 g
（卵の50％）
みりん　大さじ１（15 g）
（たまご＋だしの９％）
（砂糖の場合は，みりんの1/3量を用いる。）
食塩　0.9 g
（あるいは，うすくち醤油小さじ１弱（5.4 g））

## つくり方

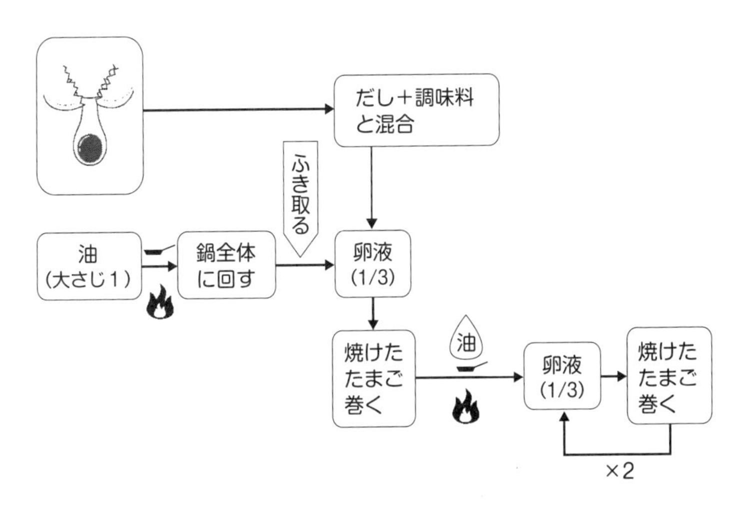


### ポイント

卵液は，厚焼きたまごで30～40回程度混ぜる。だし巻きたまごは，よく混ぜ，なめらかにするには卵液をこした方がよい。

次に，鍋底に油が均一にあるように注意して，卵液は，油が熱いところに入れる。油が不足していたら加える。厚焼きたまごは，砂糖が入っているので焦げやすく，だし巻きたまごはだしが多いので，やわらかく巻きづらい。しかし，フライ返しやゴムベラなどを使用すると，意外と簡単にできる。

### 「銚子の伊達巻」

伊達巻は，一般に魚のすり身やはんぺんを加えたたまご焼きで，おせち料理には入っている甘い料理である。その由来は，伊達政宗の好物だったという説，普通の卵焼きよりも味も見栄えも豪華なために，しゃれて凝っている装いを意味する「伊達もの」から伊達巻とよぶようになったという説，女性用の和服に使われる伊達巻きに似ていることからよぶようになったという説があげられている。

千葉県銚子市には，たまご，だし，みりん，酒，塩だけでつくる和風プリンのような伊達巻がある。また，宮崎県日南市飫肥のお土産に同様の厚焼きたまごがある（図5-6）。銚子では，おせち料理で食べられるそうだが，寿司屋でたまご寿司としても提供されている。

つくり方は，たまご5個（260 g），砂糖38 g，かつおだし60 g，みりん45 g，食塩2 g（全体の0.5%）を混ぜ合わせ，2回裏ごしてから，15 cm角の流し缶に入れる。それをオーブンで140 ℃，65分蒸し加熱する。この方法は焼きプリンと同じで，急激な加熱で「す」が立たないように弱火により加熱する。

新食感の銚子の伊達巻，なかなか食べたことのない味でおいしい。

図5-6　二種類の伊達巻と同様の厚焼たまご

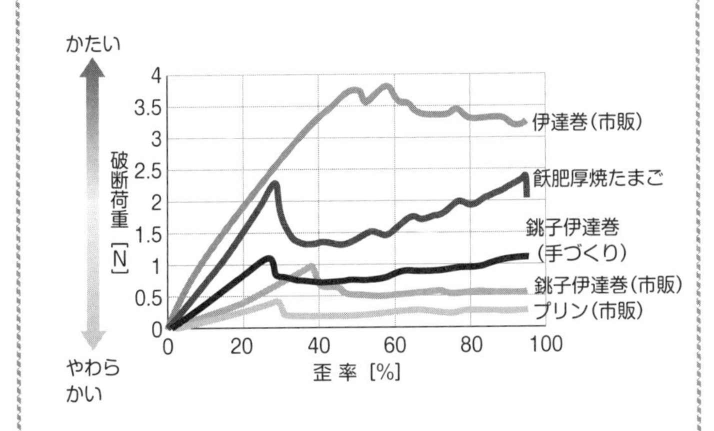
かたい
やわらかい
破断荷重［N］
4
3.5
3
2.5
2
1.5
1
0.5
0
0
20
40
60
80
100
歪率［%］
伊達巻（市販）
飫肥厚焼たまご
銚子伊達巻
（手づくり）
銚子伊達巻（市販）
プリン（市販）

図5-7　破断特性

# 7　カスタードプディング（プリン）

**材　　料**（4個分）

| | |
|---|---|
| たまご | ２個 |
| 牛乳 | 250 mL |
| グラニュー糖 | 70 g |
| 香料 | 少々 |
| 〈カラメルソース〉 | |
| グラニュー糖 | 30 g |
| 水 | 大さじ1.5 |
| 湯 | 大さじ1.5 |

## つくり方

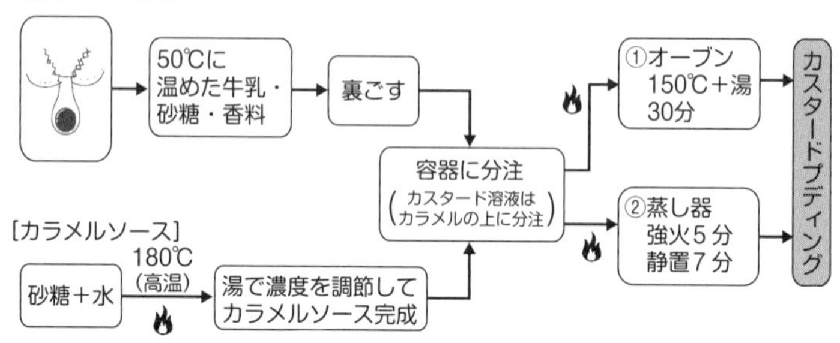

カラメルソースは途中で混ぜたりしない。高温であることを理解し，扱いには注意する。プリンを型から出す場合には，型の内側にバターを塗っておく。カスタードプディングは，なめらかさがおいしさの秘訣であるので，いずれも緩慢・低温加熱で行い，「す」が入らないようにする。

## 特　徴

カスタードプディング（以下プリン）は，たまごの熱凝固性を利用して固めるソフトな食感をもったデザートである。身近でおいしく，誰にでも好まれるデザートとして多種多様なプリンが市販され，食品開発が進んでいる。本来プリンの材料は，生たまご，牛乳，砂糖だけである。しかし日本で市販されているプリンには，生のたまご以外に，液卵，粉末卵の卵類，増粘多糖類，デンプン類，寒天，ゼラチン，乳化剤なども使用されている。

プリンの嗜好に関するアンケート調査より，おいしいと判断されるプリンの要因は，「なめらかさ」が90％以上であり，「カラメルの有無」「牛乳・生クリームの味」「やわらかさ」「甘みの強さ」「プリンのつや」が次いでいる[5)]。

女性は「なめらか」で「やわらかい」食感のクリーム風味が強いものを好む傾向にある。またプリンは，咀嚼・嚥下機能が低下する高齢者にも適している。栄養価も高いため，低栄養になりやすい人に利用させたい食品である。

### 1 なめらかプリン

なめらかプリンは，卵黄と砂糖に，温めた牛乳（40～50℃）を加えてから，生クリームを加え，容器に分け150℃にしたオーブンで45分加熱する。

できあがり4個分の分量は，卵黄2個，グラニュー糖30 g，牛乳116 g，生クリーム116 gである。なめらかさと脂質のもつコク味が，おいしさのポイントとなる。上層部には脂肪球が多い部分ができる（図5-8）[6]。たまごのタンパク質の繊維部分の間隙（水分の存在していた部分）が大きく，その間隙に黒く染まった脂肪球（⇧）が多く存在し，やわらかく，もろい構造になっている（図5-8A）。たまごと牛乳の一般的なプリンでは，均一な0.9 μm²の黒い脂肪球が均一に分散している（図5-8B）。

Ⓐ なめらかプリン上層

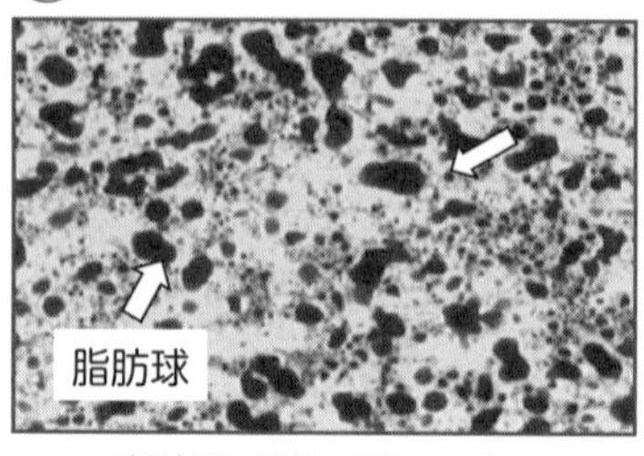


脂肪球面積：20 μm²

Ⓑ 一般的なプリン

脂肪球面積：0.9 μm²

図5-8　市販プリンのタンパク質・脂質二重染色像[6]

## 2 プリンの黄金比

たまご，牛乳，砂糖からつくるプリンについて，たまごと牛乳の割合を変えて，そのテクスチャーとおいしさを調べてみた。分量は，たまご１に対して牛乳1.75，２，2.25，2.5，2.75，３倍を使用し，砂糖はいずれもたまごと牛乳の15％の配合である。牛乳が多くなるにつれて，破断エネルギーと破断荷重は低下していたので，やわらかく，食べやすくなっている（図5-9）[7]。

大学教員および女子大学生22名をパネルに，たまご１に対して牛乳を1.75，2.25，2.75にした３種類のプリンを調製して，評点法で嗜好型官能評価を行った（図５-10）。牛乳の多い2.75試料は，1.75試料よりなめらかさと総合評価で有意に好まれた。

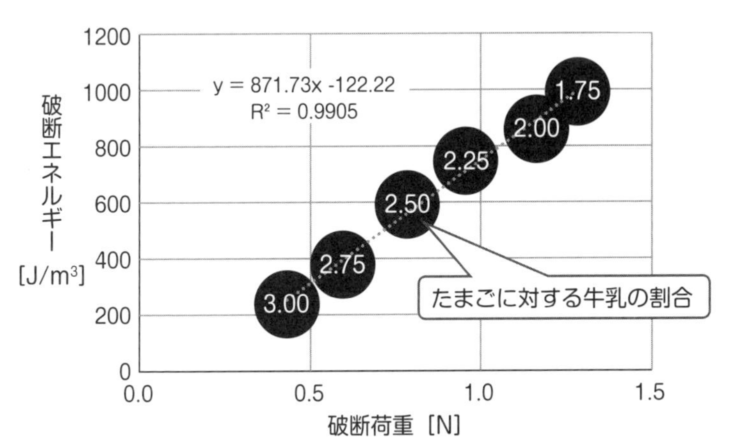


※測定条件：歪率99%，速度1mm/秒，プランジャー円柱16mm

図5-9　たまごと牛乳の割合の異なるプリンの破断特性[7]

1.75試料は，なめらかさとおいしさについて低い値であったが，３点どちらでもない以上の値を示したので，プリンとして受け入れられていた。

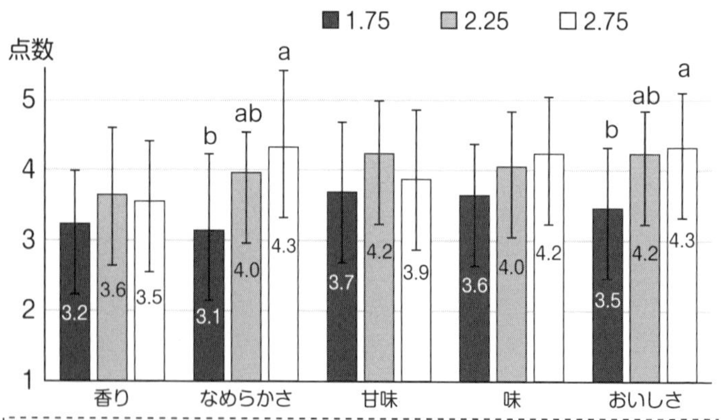


図5-10　たまごと牛乳の割合の異なるプリンの嗜好型官能評価[7)]
パネル：大学教員・女子大学生22名

プリン・ア・ラ・モード

# 8　茶わん蒸し

## 材　　料　4人分

たまご　3個
かつおだし（混合だし）　450 g
（たまごの３倍）
食塩　小さじ1/2
うすくち醤油　小さじ1/2
本みりん　大さじ1

〈椀だね〉
エビ　4尾　鶏肉　60 g
生椎茸　2枚　ぎんなん　8個

〈あしらい〉
みつば・ゆず少々

## つくり方

［卵　液］

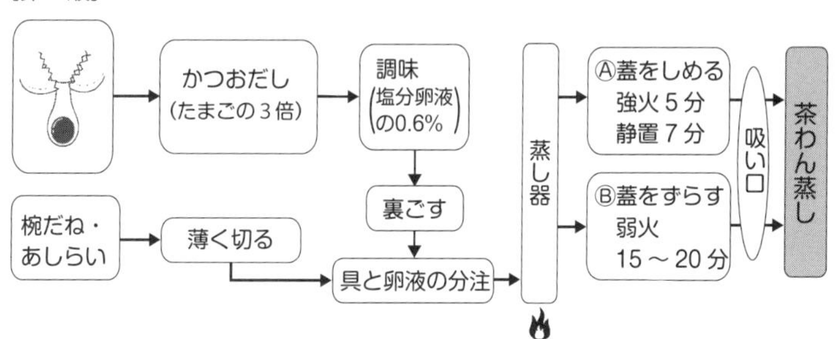

希釈性の料理では，箸でつかめる“たまご豆腐”は，たまごとだしが1：1，カスタードプディングは，たまごと牛乳が1：2.0～2.5，器から出せない茶わん蒸しは，たまごとだしの割合は1：3である。茶わん蒸しは汁物替わりの料理でもあり，なめらかで，だしの香りがおいしさの決め手になる。かつおだし以外にも，昆布とかつおの混合だしでも風味豊かにでき，洋風のコンソメスープも使える。

具は，椀だねとして，鶏肉，エビ，かまぼこ，あなごや松茸（椎茸），あしらいには，きぬさや，みつば，ぎんなんなどの季節の野菜，吸い口は，ゆず，木の芽が選ばれる。具に，うどんが入る小田巻蒸しや，豆腐の空也（くうや）蒸しもある。たまごはどの食材とも相性がよいので，たけのこ，ゆり根，タラの白子，あん肝，フォアグラ，皮蛋（ピータン）などもあう。ただし，きのこの舞茸（生）を茶わん蒸しの具にすると，舞茸に含まれるプロテアーゼやアミノペプチダーゼなどのタンパク質分解酵素がたまごに含まれるタンパク質を分解してしまい，加熱しても固まらない。舞茸を使いたい場合は，下ゆでや電子レンジで加熱するなど，熱によって酵素を失活させてから使用する。また，少量ではあるが，ブナシメジやヒラタケにもタンパク質分解酵素が含まれているため同様の工程を入れるとよい。

そのまま加熱すると，卵液より軽い食材が上に浮かんでくる。エビやぎんなんのように重い具ははじめから入れると沈んでしまう。そのため，卵液を固めてから具をのせ，さらに加熱するとよい。たまご料理の味つけは，全体重量の0.6％の塩味でよい。だしが濃い場合は，塩分を減らすことができる。隠し味として，みりんを大さじ１杯程度と塩分の一部として色に影響しない程度の醤油に変えると，アミノ酸と糖との香気成分が付与され，茶わん蒸しの味が深くまろやかになる。

## 特　徴

蒸すという調理操作は，においを逃さない性質があるので，香りが強い食材は不向きである。青森県（津軽）や北海道では，ぎんなんの代わりに栗の甘露煮や砂糖が入った甘い茶碗蒸しが出される。

また，つくり方にも示したが，加熱方法は図５-11のＡとＢの２種類ある。Ａは，強火できっちり蓋を閉めて，庫内温度95℃以上にして５分加熱後，火を止め，蓋をしたまま静置７分する。Ｂでは，蒸し器の蓋をずらして，85～90℃に保ち，20分程度加熱する。

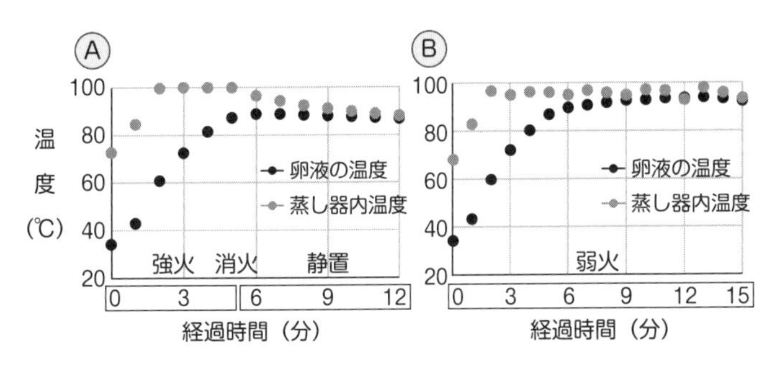


図5-11　茶わん蒸しの蒸し加熱中の温度変化

# 9 鶏卵素麺

## 材　料

| | |
|---|---|
| 卵黄 | 2個 |
| グラニュー糖 | 125 g |
| 水 | 250 g |

## つくり方

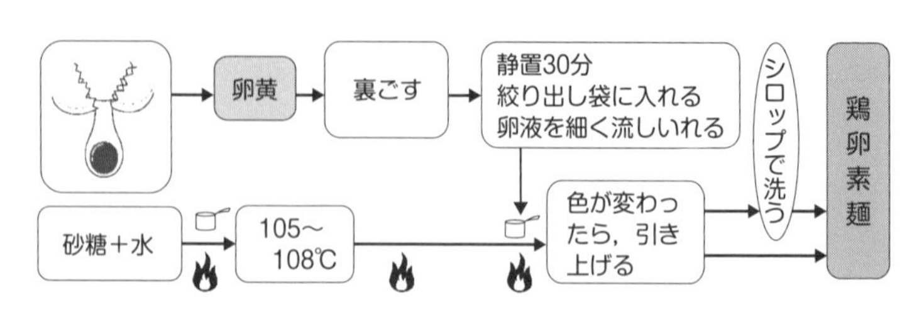


### ポイント

卵液は静置させないと，沸騰した糖液に流し入れたときに，連続相が切れやすく，麺状にならない。絞り出し袋には，細い口金やビニール袋の先を切って用いる。引き上げるときに，シロップあるいは水で洗う場合もある。

## 特　徴

鶏卵素麺は博多の伝統銘菓で，400年以上古くからあるポルトガルより渡来した南蛮菓子である。菓子なので，ゆでたり，水に浸けたりしないでそのまま食べる。たまごの風味も強く，色つやよくおいしい菓子である。日本三大銘菓にも入っている。

ポルトガルでは，フィオス・デ・オボス（たまごの糸）という菓子である。結婚式やクリスマスの菓子の飾りにも，使われている。ポルトガルでは，教会に寄付された卵黄がたくさん余っており，修道女により卵黄を多く使った菓子が生まれた。

鶏卵素麺はタイではフォイトーンとよばれ，インドやポルトガル領であったマカオでもみられる。タイやマカオでは，アヒルのたまごを用いてつくられ，アヒルのたまごは鶏卵より脂質が多いので，黄金色で色つやよく仕上がる。色つやのよい原因は，できあがって静置しているあいだに卵黄の脂肪球が表面に滲出するからである（図5-12）[8]。また，鶏卵素麺は菓子の飾りつけとしても使われる（図5-13）。

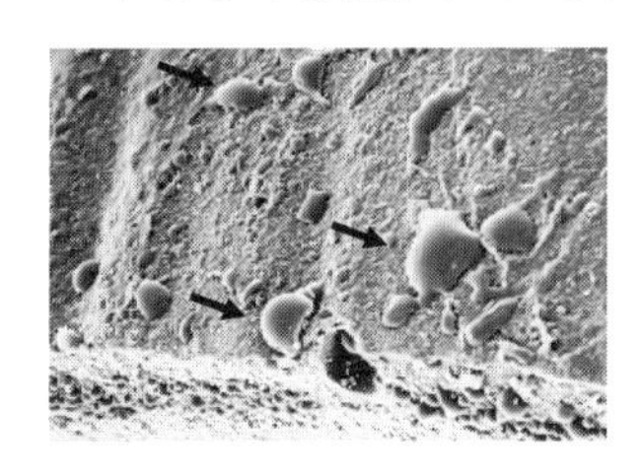

図5-12　鶏卵素麺に滲出した脂肪球[8]

図5-13　シュークリームの飾りに鶏卵素麺（Castella de Pauloで購入）

 コラム 

**「カリソンデクス（Calissons d'Aix）」**

ヨーロッパでは，卵白のみでつくった菓子も多い。メレンゲ，ヌガー，マシュマロ，ラングドシャ，フィナンシェ，アイシングに使われる。南フランスを代表する伝統的な菓子「カリソンデクス（Calissons d'Aix）」は，地元では「幸せをよぶ菓子」といわれ，アイシングがたっぷりかかった上品な菓子だ。一方ポルトガル菓子は，鶏卵素麺をはじめ，卵黄を多量に用いたものが多いが，卵白のお菓子は少ないようである。

# 10 スポンジケーキ

## 材　料

| | |
|---|---|
| たまご | ２個 |
| 砂糖 | 60 g |
| 牛乳（シロップ） | 大さじ２ |
| バニラエッセンス | 少々 |
| 薄力粉 | 60 g |
| 溶かしバター | 10～20 g |

## つくり方

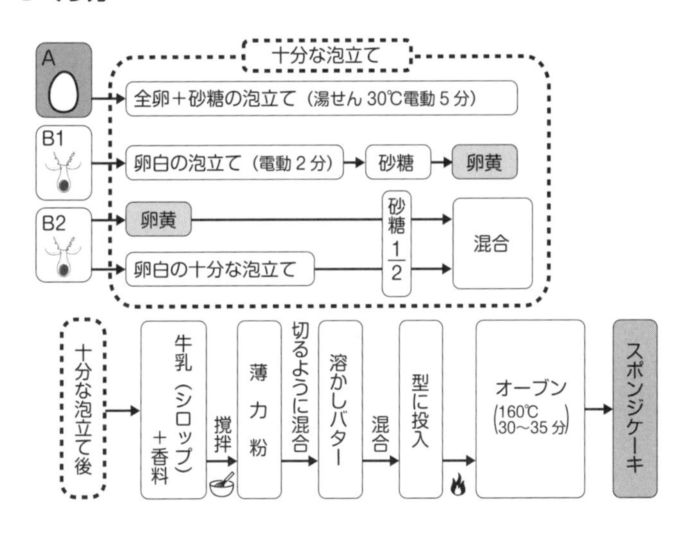

スポンジケーキのつくり方には，全卵を泡立てる「A. 共立て法」と卵白だけ泡立てる「B. 別立て法」がある。ケーキをつくる前の準備は共通である。

①材料の計量，②薄力粉をふるう，③砂糖の塊をなくす

④バターを溶かす，⑤型紙のセット，⑥オーブンの予熱

## A. 共立て法

全卵と砂糖の泡立てには，湯せんで卵液を30℃くらいにして，十分に泡立てる。卵黄には脂質が含まれているため泡立ちにくく，泡が安定しないため，卵液の粘度を高くする必要があるため砂糖を加える[9)]。卵液を温めることにより，表面張力が低下し，泡立ちやすくなる。また，卵液を温めることにより，砂糖が溶けやすくなる。卵液が30℃程度になったら湯せんから外して，しっかりと泡立てる。3倍程度に膨らみ，生地を垂らすと形が残るリボン状に泡立てることが重要である。図5-14に撹拌時の品温とスポンジケーキの容積の関係を示しており，40℃で泡立てると，30℃で泡立てたも

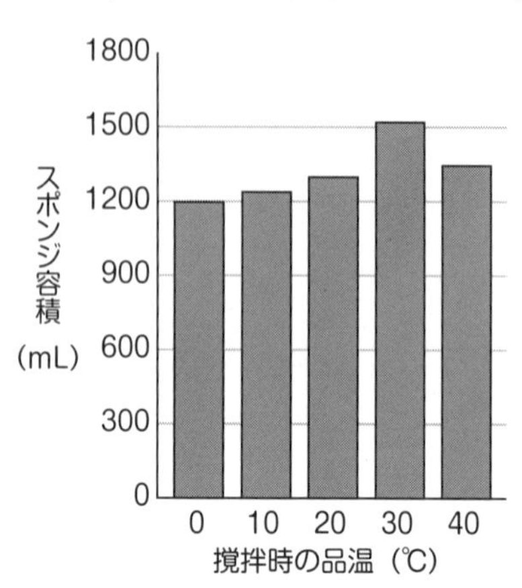


図5-14　全卵を泡立てる温度とケーキの膨らみ具合の関係[10)]

のより容積が低くなる[10)]。このことから全卵の品温は，30℃まで温めるとよい。暑い夏では，室温に置いたたまごを用いるとよい。

スポンジを焼成するとき，生地を入れたら25分間はオーブンを開けてはいけない。ケーキ生地が固まる前に，オーブンを開けて庫内の温度が下がると，生地がしぼんでしまうためである。

### B. 別立て法

共立て法と比較すると，きめが粗くもろい食感になる。

卵白は角が立つぐらい十分に泡立てる。やや低めの温度のほうがかたい泡になるので冷蔵庫から出してすぐのものを使うか，割卵した後冷蔵庫に入れておくのがよい（図5-15）[11)]。卵白と卵黄を分けるときに卵黄が割れて卵白に混ざってしまった場合，卵黄に含まれている脂質が卵白の泡を破壊するので泡立ちに時間がかかるようになり，しっかりとした泡にならない。

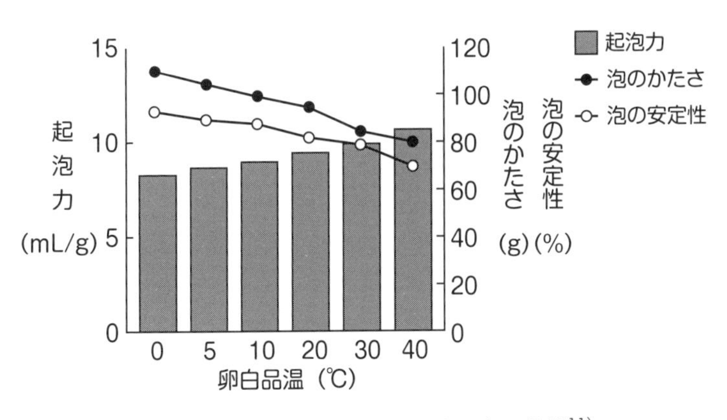


図5-15　卵白を泡立てる温度と泡の状態[11)]

卵黄が混ざってしまったときには周囲の卵白とともに卵黄を取り除くか，共立て法に変更する。

砂糖は，粉のままでは卵白の泡と混ざりにくいので，卵黄と混ぜておいた方がよい。砂糖に卵黄を入れると砂糖に水分を取られて卵黄が不溶化するので，卵黄をかき混ぜながら少しずつ砂糖を加える。つくり方に書かれているＢ１法は，卵黄を泡立てないので，Ｂ２法に比較して簡便法である。卵白に加える砂糖はふるっておき，少量ずつていねいに撹拌する。

ショートケーキ

# 11 シフォンケーキ

**材　　料**（15 cmのシフォン型）

| | |
|---|---|
| たまご | 3個 |
| サラダ油 | 大さじ2 |
| 砂糖 | 55 g |
| 水または牛乳 | 大さじ2 |
| 薄力粉 | 65 g |
| エッセンス | 少々 |

## つくり方

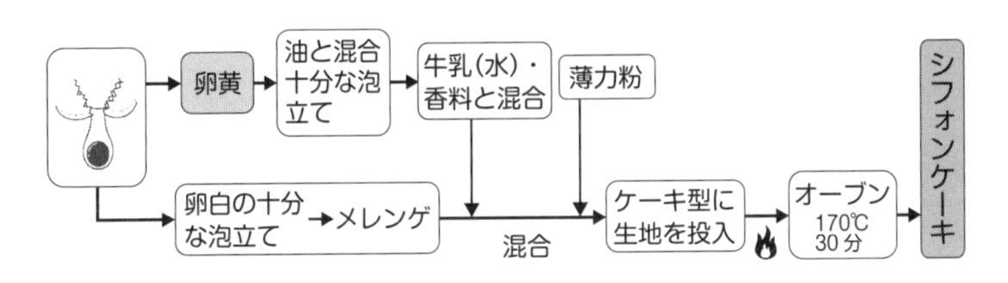

スポンジケーキと異なる点は，バターではなくサラダ油を使用，卵黄とサラダ油を乳化させる，水分を追加してしっとりさ

せるなどがあげられる。焼きあがったら型ごと逆さにして，縮みを防止する。

## 特　徴

シフォンケーキはその名の通り，絹のような食感が特徴の焼き菓子である。卵黄とサラダ油の乳化によって，焼きあがりのケーキの食感が大きくちがってくる。卵黄とサラダ油を混合することにより，水中油滴型エマルションができ，これに含まれる油滴が小さいほど乳化が強い。卵黄とサラダ油の混ぜ具合によって乳化の状態がコントロールできる。しっかり混ぜると乳化が強く，軽くしか混ぜないと乳化が弱い状態である[12)]。図5-16のように，乳化が弱いと油によって泡が壊れてしまうため，ところどころに大きな穴のある，全体的に不均一な状態になってしまう。一方，しっかり乳化させると，細かな気泡が均一に分散するので，ケーキ全体がよく膨らみ，口あたりのよい食感になる。

図5-16　乳化の強さとケーキの断面写真[12)]

# 12　たまごふわふわ

**材　　料**　（2人分）

たまご　　　　２個
だし汁　　　　370 mL
醤油　　　　　小さじ１
（だし汁大さじ２，みりん小さじ１）

**つくり方**

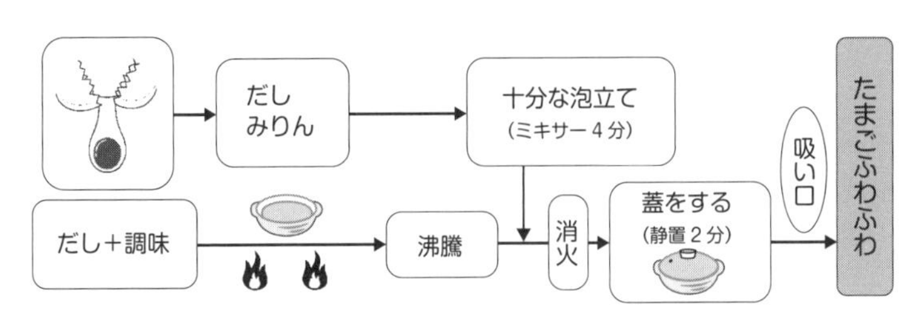


**ポイント**

土鍋などの蓋がしっかりした鍋を用いる。温めただしに，十分に泡立てたたまごを一気に入れて蓋で閉じ込める。泡の加熱し過ぎは，泡をかたくし，ふんわり感をなくす。やわらかい食感に，だしが香り，泡をだしと一緒に味わう感覚は独特のおいしさである。正直，食べたことがないと想像できない味である。盛りつけにかける食材は，香りのよい吸い口，たとえば，こしょう，ねぎ，しそ，木の芽，ゆず，とうがらしなどがあい，季節感が加わる。

## 歴　史

たまごふわふわは，江戸時代の文献「仙台下向日記」に登場した料理で，和風スフレのようである。

東海道袋井宿（現在の静岡県袋井市）の大田本陣で宿泊客の朝食に出されたといわれ，町おこしの料理として保存されている。茶わん蒸しはこの料理から，発展したという話もある。

**「卵ふわふわ[13)]」**

たまごふわふわの実態はよくわかっていない。『おいしい江戸ごはん』に掲載されている卵ふわふわを再現してみた（コモンズ社，2017年発行，p.58）。材料は，たまご2個，だし汁60 g，醤油小さじ1，（煎り酒少々，今回は削除），粒こしょう少々である。つくり方は，ゆっくり丁寧に固める。食感もちがうが，かためのたまご焼きである。

# 13　マヨネーズ

**材　　料**（半カップできあがり）

| | |
|---|---|
| 卵黄 | 1個 |
| 食酢 | 大さじ1 |
| 食塩 | 小さじ1/3 |
| こしょう・香辛料 | 少々 |
| サラダ油 | 100 mL |

**つくり方**

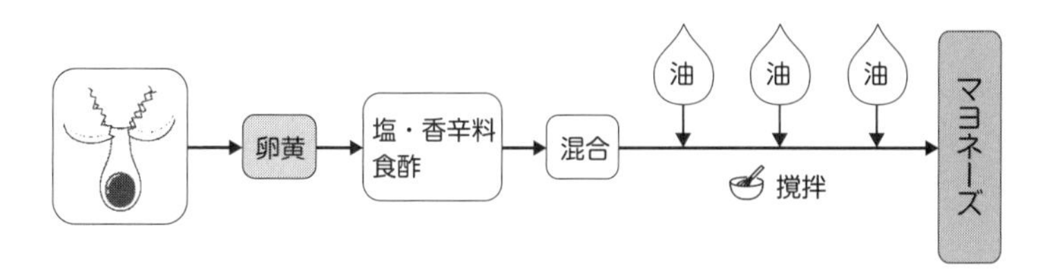


新鮮なたまごを用い，油気と水気のないボウルに卵黄をいれ，食塩，香辛料を加えて，ホイッパーで混ぜる。食酢の1/4を加えて，かき混ぜ，サラダ油を少しずつ加えては混ぜる。かたくなったら，食酢を加える。この状態で，油を全量入れてできあがり。フードカッターやミキサーでも簡単にできる。

ポイント

マヨネーズは，たまご，食酢，調味料などを混ぜたあと，少しずつ油を投入しながら強く撹拌することでつくることができる（第4章参照）。

マヨネーズに限らず，水中油滴型のエマルションは，油滴の粒子が小さいほうが安定する。手づくりでマヨネーズをつくる場合は，機械で乳化している工業製品のように油滴を小さくすることができない。油滴が大きいと油の水面への露出がしやすくなるため，長期間乳化状態を保つことができない。また，露出した油があるため，油っぽいと感じることが多い。一方，きちんと乳化された市販のマヨネーズは，油の含量が多いにもかかわらず油っぽさを感じることが少なくなる。

## 歴　史

マヨネーズの発祥起源については，多くの説がある。その中でもっとも広く信じられているのは現在のスペイン，地中海にあるメノルカ島マオン説だ。1756年ごろ，フランスの侯爵であったリシュリュー公が，イギリスとの戦争でこの地を訪れレストランに立ち寄った。このときマヨネーズのような調味料が食膳に供され，そのおいしさに魅了され，フランス本国に伝え，それが広まったといわれている。この調味料は地名をとって，“Salsa de Mahon”（マオンのソース）と紹介され，のちにマヨネーズといわれるようになったそうである。メノルカ島は，羽の色が黒い鶏の原産地で，古くからこのたまごとオリーブ油，レモン果汁，ワインビネガー，食塩，にんにくを用い，ソースを手づくりしていたといわれている。

日本で最初にマヨネーズを販売したのは，キユーピー株式会社の創始者中島董一郎（なかしまとういちろう）氏である。中島氏が缶詰の勉強をするために滞在していたアメリカ合衆国では，日常的に野菜サラダが食べられていた。そのときの調味料がマヨネーズで，特にポテトサラダに使われているマヨネーズは，おいしくて栄養価も高いと中島氏は注目した。帰国後，中島氏は日本人の体格向上を願って，卵黄タイプで栄養価の高いマヨネーズを日本で発売しようと考えた。その後，衣食住の洋風化が進むのをみて，マヨネーズが受け入れられるときがきたと確信した中島氏は，1925年3月に日本初のマヨネーズを製造・販売した。

## 規　格

一般に，たまごで乳化した調味料はマヨネーズと称されることが多いが，実際には各国で独自に決めた規格がある。世界のマヨネーズ規格の基準となっていることが多いFDA（Food and Drug Administration）が定めたアメリカ合衆国の規格では，マヨネーズと呼称できるものは，原料として植物油，酸性成分（酢，酢酸，レモン汁，ライム汁），卵黄を含む卵原料を使用すること，また，植物油は65％以上配合し，任意原料として，食塩，砂糖類やデンプン糖類（Nutritive carbohydrate sweetener），スパイス（卵黄の色を真似たサフラン，ターメリックの使用を除く）を使用してもよいことになっている。添加物も天然香料，グルタミン酸ナトリウム，金属イオン封鎖剤（EDTA-CaNa$_2$，

EDTA-$Na_2$など）などを使用してもよい。日本では日本農林規格（JAS）により「半固体状ドレッシングのうち，卵黄又は全卵を使用し，かつ，必須原材料，卵黄，卵白，たん白加水分解物，食塩，砂糖類，蜂蜜，香辛料，調味料（アミノ酸等）及び香辛料抽出物以外の原材料及び添加物を使用していないものであって，原材料及び添加物に占める食用植物油脂の重量の割合が65％以上のものをいう。」となっている。したがって，カロリーハーフをうたっているような商品はマヨネーズとはよべず，名称は半固体状ドレッシングになる。

## 風味の変化

製造直後のマヨネーズは，油や食酢などの味がなじんでいないため，酸味などを強く感じることがある。数日おくことで，風味は安定しておいしくなる。一方で長期保存すると，風味は低下する。これは，マヨネーズに含まれている食用油が酸化されるためと考えられている。食酢やたまご，油などに酸素が残っていると，これが油の酸化を促進する。油が酸化されると食酢由来の風味などが弱くなり，さらに進むと古い油のような風味が出てきてしまう。酸化が進むのを防止する方法としてもっとも有望なのが，酸素を製品に残存させないことである。そのため市販のマヨネーズにおいては，空気を遮断する容器を使い，原料中の酸素を取り除く工程などを入れることで，賞味期限を延ばす工夫をしている。

コラム

**「マヨネーズマジック（おいしさを引き出す使い方）[14]」**

マヨネーズは，テーブルで野菜や魚介類などにかけて食べるのが昔からの慣れた使い方であるが，それだけではない使い方もある。油脂は食品中に上手に分散させると，味や食感を改善することが知られている。油脂を単独で分散させることはなかなか難しい作業であるが，マヨネーズは，すでに細かい油滴になっているので，容易に分散させることができる。この性質を利用して，マヨネーズで食品の品質を改善することが可能である。たとえば，ハンバーグをつくるときに肉だねにマヨネーズを仕込み練ることで，よりジューシーなハンバーグを家庭でも簡単につくることができる。同様にフライ物のバッターやホットケーキの生地に混ぜると，ふんわりサクッとした食感に仕上がる。ホットケーキでは，冷えて時間がたってもふんわりさを保つことができる。

図5-17　マヨネーズマジックの例

また，マヨネーズをご飯と混ぜておくと簡単にパラパラチャーハンができるなど，まだまだいろいろな使い方がある。

## 引用文献

1）河江美保ほか：北大路魯山人の卵かけご飯 おいしさの客観的評価，京都女子大学紀要食物学会誌，70，15-21，2015
2）峯木眞知子：加熱鶏卵卵黄の微細構造，日本調理科学会誌，30（4），335-341，1997
3）dancyu：日本一のたまごレシピ，プレジデント社，2017
4）峯木眞知子：鶏卵の知識とおいしさ，日本家政学会誌，68（6），297-302，2017
5）峯木真知子ほか：市販プディングに対する嗜好性-アンケート調査および官能検査-，青葉学園短大紀要，26，31-38，2001
6）峯木眞知子ほか：クリームの種類および配合がカスタードプディングの構造に及ぼす影響，日本家政学会誌，57（8），523-532，2006
7）小泉昌子ほか：卵の配合割合がカスタードプディングの特性に与える影響，日本調理科学会2023年度大会講演要旨集，2023
8）峯木眞知子ほか：鶏卵素麺の組織構造に及ぼす調理操作の影響，日本家政学会誌，38（7），651-656，1987
9）河田昌子：お菓子「こつ」の科学第２版，柴田書店，104，2014
10）市村司：あなたの知らないタマゴの世界（5），Pain，2，14-17，2018
11）市村司：あなたの知らないタマゴの世界（4），Pain，12，12-15，2017
12）小泉昌子ほか：卵黄乳化液の油滴径の違いがシフォンケーキの調製工程の構造に与える影響，日本食品科学工学会 第69回大会講演要旨集，2022
13）江原絢子ほか：おいしい江戸ご飯，コモンズ，2017
14）キユーピー株式会社ホームページ：マヨネーズマジック，https://www.kewpie.co.jp/mayokitchen/mayomagic/（2023/5/15）

## 料理QRコード

1．たまごかけご飯（TKG）
ふわふわたまごかけご飯

2．全熟卵（固ゆでたまご）

3．温泉たまご

4．デビルエッグ

5．目玉焼き

6．だし巻きたまご

7．カスタードプディング

8．茶わん蒸し

9．鶏卵素麺

10. スポンジケーキ

〔共立て法〕

〔別立て法〕

12. たまごふわふわ

13. マヨネーズ

〔前編〕

〔後編〕

# 第6章
# 新たなたまごの利用（SDGsとの関連）

たまごは割卵しなければ長期保存が可能な食品であるため，牛乳に対するチーズ，畜肉に対するハム・ソーセージのような貯蔵を目的とした加工技術は，日本ではあまり進歩していなかった。一方，中国では古くから，皮蛋（ピータン），鹹蛋（しぇんたん）（塩漬けたまご），糟卵（ザオタン）（酒粕漬けたまご）などのあひるのたまごの加工品が発達した。しかし，貯蔵と風味改善によく用いられる発酵という方法では，たまごを加工するようなこともなかった。近年，長期保存の技法である冷凍や風味向上のための発酵技術を，たまごに応用する取り組みが行われている。ここでは，たまごにとって新しい加工法であるそれらの技術から生み出された，調理法や商品を紹介する。あわせて，近年国連によるSDGs（持続可能な開発目標）として注目され，社会課題となっている循環型社会の構築のために，廃棄物となっている卵殻に着目した利用法についても紹介する。

## 1 冷凍たまご[1]

家庭における食材の冷凍保存は，共働き世帯が増えたことや，コロナ禍において家庭での調理が促進されたことを受け，近年一般化されて「ホームフリージング」とよばれている。食材を冷凍するメリットは，温度を低下させることにより食品内の分子の動きを緩慢にし，化学的反応，酵素的反応すべてを遅延させ，品質劣化を遅らせ，長期保存を可能にすることである。

家電メーカーやテレビ番組においても，食材の冷凍保存に着目しており，その中でたまごの冷凍も取りあげられている。家庭用冷凍庫で，殻ごと冷凍されるたまごは「冷凍たまご」とよばれており，企業での凍結液卵とは異なるものである。これを解凍すると，卵白は冷凍前の液体状に戻るが，卵黄は元の流動状態には戻らず，丸い形状を保ち，もっちりした食感になる（図6-1）。

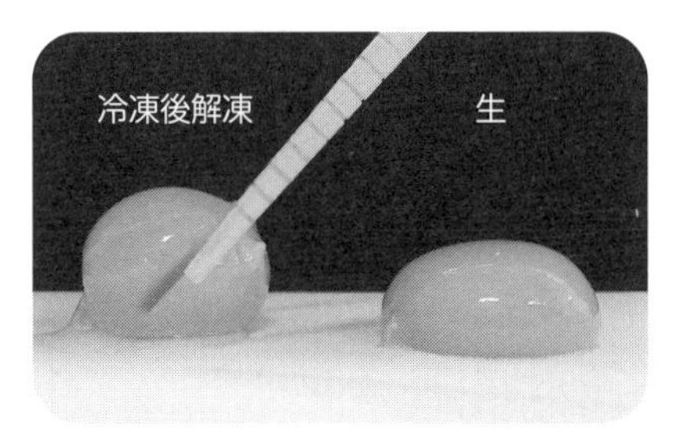


図6-1　卵黄の状態

## (1) つくり方

冷凍たまごをつくるには，ジッパーつきの袋に，殻つきのまま入れて，9～12時間冷凍する。冷凍に必要な温度は－15℃だが[2)]，3時間冷凍庫に入れただけでは，卵黄は完全に冷凍されていなかった。6時間冷凍庫にいれると，卵白・卵黄ともに凍っていたが，まだやわらかい状態だった。9時間入れると，中心部までしっかり冷凍されていた（図6-2）。

このときの卵黄の中心温度をみると，冷凍開始4時間までは－5℃以上を推移していたが，5時間以降一気に低下し，7時間以降は－15℃以下を推移した（図6-3）。このことから，完全な冷凍たまごをつくるためには，冷凍庫内で9時間以上，もしくは，中心温度が－15℃以下にすることが必要であることが明らかになった。

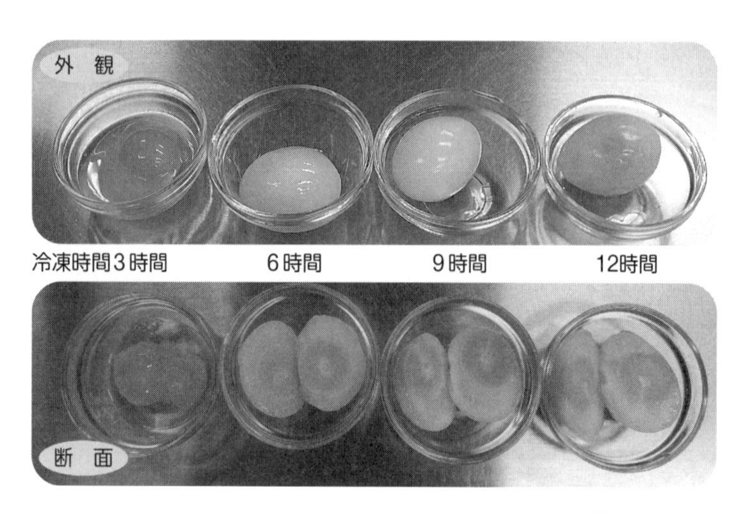


図6-2　冷凍時間のちがいによる冷凍卵の断面[1)]

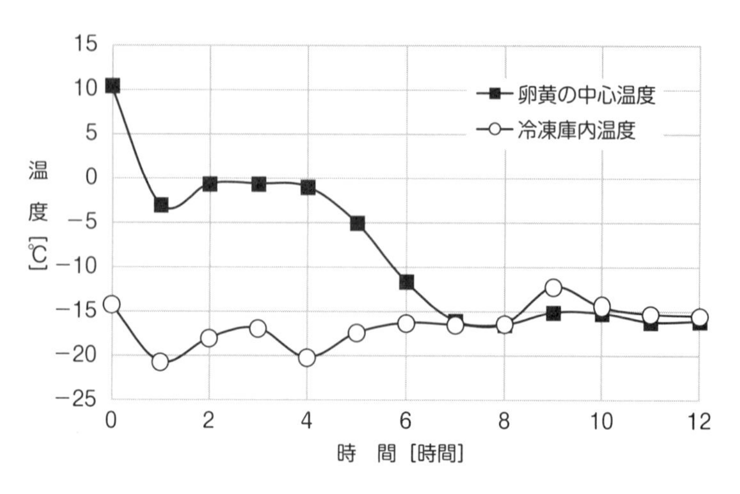


図6-3　冷凍庫内の温度変化[1)]

### (2) 特徴と応用

冷凍たまごを解凍したときの卵黄の食感がどのように特徴的なのか，固ゆでたまごの卵黄と比べてみた。図6-4は，一定の力で卵黄を押しつぶしたときのかたさを示している。縦軸がかたさを表し，波形の高さが高いほどかたい。ゆでたまごでは波形の形にピークがあるのに対して，冷凍たまごではピークがなく，低い波形で推移している。これは冷凍たまごの卵黄が，弾力があり，もっちりしていることを示している。

冷凍たまご独特のおすすめ調理は，たまごかけご飯，卵黄の醤油漬け，目玉焼き，揚げたまごである。たまごかけご飯に用いた場合には，生の卵黄とちがい，少々かたい分，卵黄のコク味が増す。生卵で揚げたまごをつくる場合，油に入れるときに

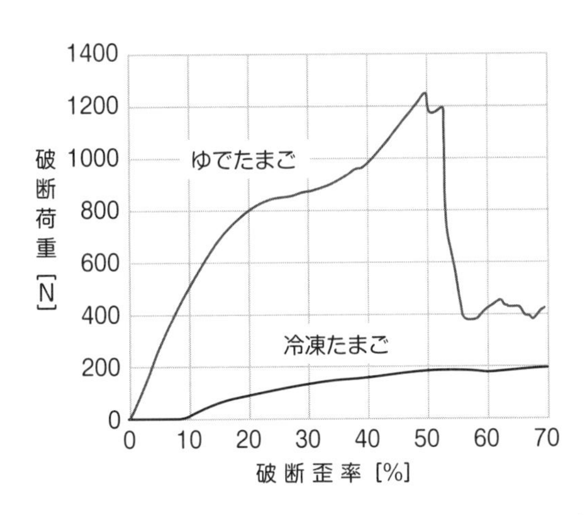


図6-4　冷凍たまごとゆでたまごの卵黄の破断曲線[1)]

図6-5　目玉焼き

はねやすいが，冷凍たまごを使用すると，揚げ時間はかかるが，散らずにそのまま揚げられるので，安全である。

冷凍たまごの醤油漬けでは，冷凍後に解凍した場合，卵黄膜が破損していることが多いので，醤油の浸透が早く，短時間でできあがる。

目玉焼きは，１個の冷凍たまごから２個つくることができる（図6-5）。冷凍たまごを注意深く２個に割って，フライパンで焼きくとお弁当の大きさにぴったりのサイズになる。

そもそもたまごは冷蔵庫で保管すれば，１か月程度は問題なく食べられる。たとえ賞味期限を過ぎても，割卵して異臭がしなければ加熱すると食べられるので，無理に冷凍たまごにして，賞味期限を長くもたせる必要はない。しかし，冷凍たまごの食感が好みなら，ぜひ利用してみてほしい。

**⚠ 冷凍たまごをつくるときと食べるときの安全性に関する注意**

・冷凍たまごには，賞味期限内のたまごを使う。
・冷凍たまごは生の状態であり，栄養価も高いため，解凍したら当日中に，なるべく早く食べる。
・再冷凍はしない。

## 2 乳酸発酵卵白

図6-6 乳酸発酵卵

タンパク質は，筋肉を増強したいアスリートに必要な成分である。また，超高齢社会の現在では，高齢者の健康維持のために積極的に摂取することが求められている。卵白はそのような人たちにとても有益な食品だが，アルカリ性で独特の渋みがある。さらに，濃厚卵白のぬるぬるとした食感もあることから，生のままで食べることに抵抗のある人が多い。加熱すると食感などはよくなるが，卵白に含まれる含硫アミノ酸が分解して硫化水素を発生するため風味を悪くすることにより，単独で食べるのに抵抗を感じる人もいる。

この課題を，乳酸菌により卵白を発酵することで解決した例がある。乳酸菌で卵白を発酵させることによって，味やフレーバーが改善され，ヨーグルトのように飲むことができるようになる。さらに，新しい物性改良効果もあることがわかった。

乳酸発酵卵白の揮発成分を調べたところ，乳酸発酵香気成分（アセトアルデヒド，ジアセチルなど）の生成と，卵白臭さの原因となる硫化水素の低減が認められた。卵白からの硫化水素の発

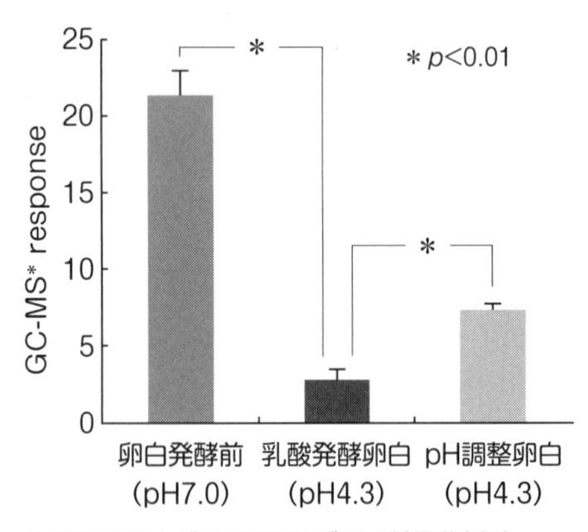


図6-7　加熱による硫化水素の発生量[4)]

生量はpHによって変化し，酸性域では減少することが知られている。しかし，塩酸でpHを酸性に調整した卵白と比較しても，乳酸発酵卵白からの硫化水素の発生量が有意に少なくなった（図6-7）。このことから，乳酸発酵卵白では風味が向上しているといえる[3)]。

乳酸発酵卵白をスポンジケーキに添加すると，風味だけでなくしっとり感も向上させることができる。また，レトルト食品に添加すると特有の臭みを抑える効果がある。レトルト牛丼の具に乳酸発酵卵白を２％，５％配合して，121℃で40分間の加熱を行い，官能評価と香気分析を行った結果を示す（図6-8）。乳酸発酵卵白を配合することで，加熱臭や畜肉特有の獣臭を抑えることができた[4)]。

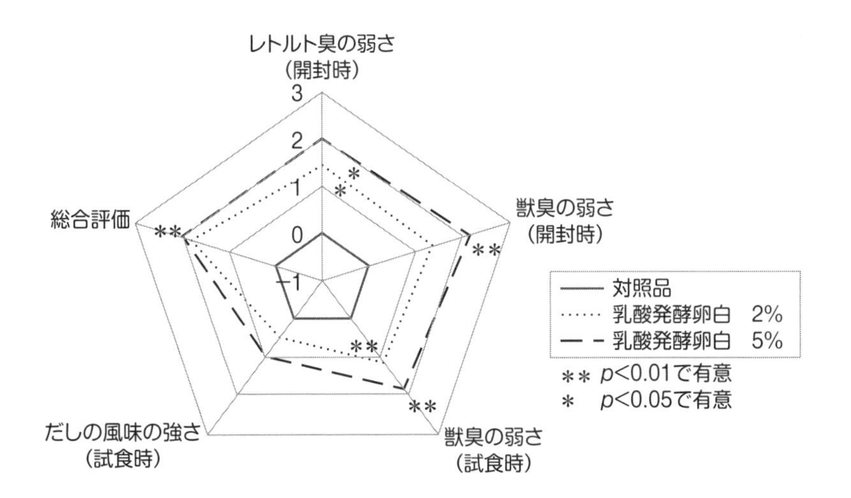


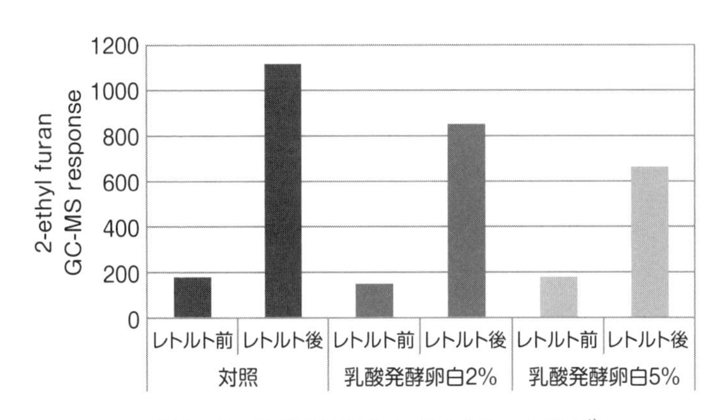


図6-8　乳酸発酵卵白の香気成分への効果[4)]

乳酸発酵卵白は，健康面でも優れた効果があることもわかっている。血中総コレステロール濃度が200～260 mg/dLである成人男性88名を対象に，乳酸発酵卵白を８週間にわたり摂取してもらった。その結果，乳酸発酵卵白を８ g摂取したグループは，８週間後にコレステロール値が11.0 ± 3.7 mg/dLであり，有意に減少した（$p < 0.05$）。さらにCTによる検査で，内臓脂肪を減少させる効果が示された[5)]。

タンパク質補給食品市場は，乳清タンパク質を使った商品が大多数を占めているが，消費者の選択肢を増やすためにも乳酸発酵卵白の拡大が望まれている。

## 3　こうじ熟成卵黄

日本古来より伝わる発酵食品として味噌や醤油，日本酒などがある。米や豆など発酵させたいものに合わせて麹菌（こうじ）を選択し，原料に植えつけることで，麹の育成を促す。ここで原料を分解する酵素が，麹菌によってつくられる。この酵素が原料を分解することで，発酵食品は生み出される。この伝統的な加工

図6-9　こうじ熟成卵黄（右）とそれを利用した製品（左）

法を卵黄に応用したのが，こうじ熟成卵黄である。

### (1) 製造方法

こうじ熟成卵黄をつくるために，まず卵黄の成分をよく分解する酵素をつくる麹をつくる。麹菌を育成させるためには，適度の温度や湿度が必要になるのはもちろんだが，麹菌を根づかせるもとになるものが大切になる。日本酒をつくるときに，米の磨き方や，米に吸わせる水の量にこだわることと同じ理屈である。たまごは液体なので，そのままでは麹はあまり育たない。そのため，麹菌が根づきやすいような処理をたまごに施したのちに麹菌を添加することで，熟成卵黄をつくる核になるたまご麹をつくることができる。たまご麹ができれば，それを卵黄に添加して適温で熟成して，こうじ熟成卵黄をつくることができる。その一方，卵黄は腐敗しやすいので，雑菌の生育を抑制するために，前もって殺菌した後，通常の微生物が育成できない温度で熟成を行う。菌の生育を妨げる効果のある食塩や食酢なども同時に添加するなどの方法をとることで，腐敗を防止することができる。

### (2) 風　　味

たまご麹がつくった酵素により，卵黄のタンパク質や脂質の一部が加水分解される。さらに熟成することで，これらが化学反応を起こし，さらに独特の強い風味をつくり出すことができる。こうじ熟成卵黄は何も処理していない加塩卵黄と比べると，遊離アミノ酸の総量は8倍以上に増加した（図6-10）。ま

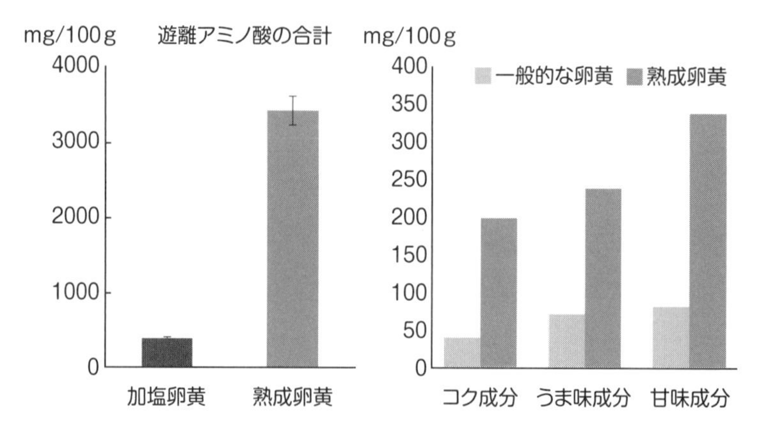


図6-10　遊離アミノ酸の合計量および呈味性アミノ酸量[6]

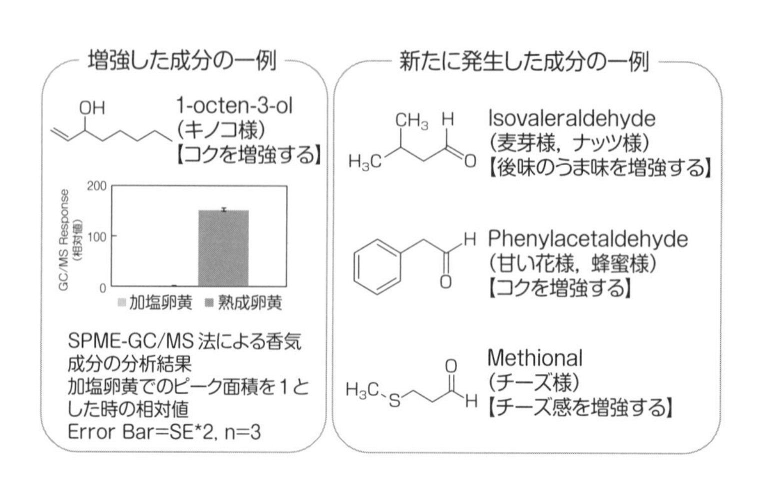


図6-11　こうじ熟成卵黄の香気成分[6]

た，うま味を呈するアミノ酸は6倍以上，コク成分や甘味成分も5倍以上増えていることがわかる（図6-10）[6]。

さらに，香気成分のひとつである1-octen-3-ol（キノコ様フレーバーでコクを増強する）は大きく増加しているほか，もともとの卵黄には存在しなかった，Isovaleraldehyde（麦芽，ナッツフレーバーで後味のうま味を増強する）やPhenylacetaldehyde（甘い花や蜂蜜様フレーバーでコクを増強する），Methional（チーズ様フレーバーでチーズ感を増強する）などの存在も確認された（図6-11）[6]。このように麹熟成することで，卵黄の風味が広がるように変化していることがわかる。

### (3) 調理食品への影響

風味が強化されたこうじ熟成卵黄を用いることにより[6]，調理食品の風味も向上することができる。たとえば，カルボナーラはパンチェッタ（豚のばら肉を塩漬けにして乾燥熟成させたもの）またはグアンチャーレ（豚のほお肉を塩漬けにして乾燥熟成させたもの），たまご，チーズ，生クリーム，黒こしょうでつくる濃厚なソースをゆでたスパゲティにかけたもので，乳風味とたまごの風味が味のポイントになっている。このカルボナーラで，風味を比較した試験がある。普通の卵黄とこうじ熟成卵黄を使ったカルボナーラをつくり，訓練されたパネル31名で「コク」，「たまご風味」，「チーズ風味」について評価した。その結果，こうじ熟成卵黄が入っていないものと比較すると，すべての項目で風味が強化されていた。さらに，味の経時変化をみると，こうじ熟成卵黄を使ったカルボナーラでは，味の強度が高ま

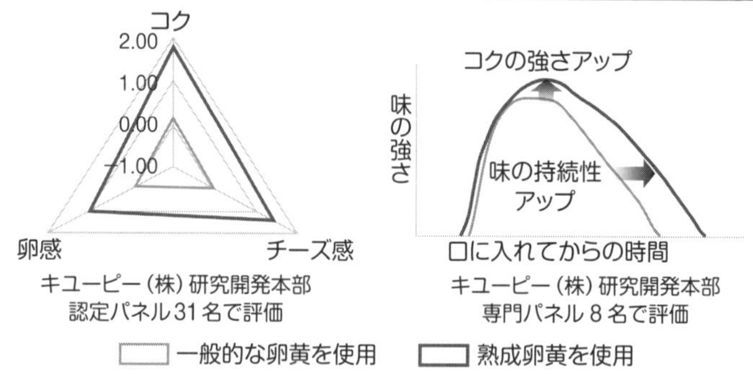


図6-12　こうじ熟成卵黄を用いたカルボナーラの官能評価[7)]

り，持続性もよくなっていた[7)]。すべての食品で同じ効果が得られるとは限らないが，こうじ熟成卵黄には風味を向上させる機能があると思われる。

## 4 卵殻粉

日本では毎年，250～260万トンのたまごが生産されている。たまごの重量の10％が卵殻なので，毎年25～26万トンという膨大な量の卵殻が発生していることになる。家庭やレストランでは，卵殻はごみとして捨てられている。かつて工場では，割卵した加工用のたまごの卵殻も廃棄されていた。しかし，近年

SDGsなどの考えが広まる中，卵殻をごみとして処理することが問題視され，資源としてのさまざまな利用法が考えられている。卵殻の成分は，無機成分が97％，タンパク質が２％である。無機成分のうち38％をカルシウムが占めており，ほかにはマグネシウムなどが含まれている。

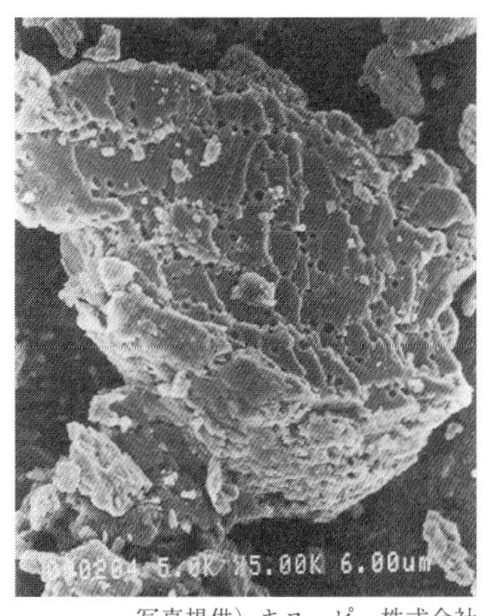


写真提供）キユーピー株式会社

**図6-13　卵殻粉の電子顕微鏡像**

卵殻はそのままでは利用しにくいため，工業的には粉状にする。卵黄や卵白を取り除いた後，きれいに洗った卵殻はある程度の大きさに粉砕される。これを強い水流で再度洗うことで，卵殻から卵殻膜がはがれる。卵殻膜は軽くて水に浮くが，卵殻は沈むので卵殻だけを集めることができる。こうやって集めた卵殻は，さらに粉砕と乾燥が行われ，4～10 μmぐらいの粉にすることができる。こうしてできた卵殻粉は，鉱山で取られた炭酸カルシウムを粉砕したものと構造が異なり，うろこのような模様と小さい穴があるのが特徴である（図6-13）。この多孔質構造のため，消化・吸収率が高いと考えられている。

粉状の卵殻は水に溶けないが，いろいろな食材と混ぜ合わせることができる。また無味に近く，においも少ないことから風味を悪くすることがない。このため，日本人に不足しがちなカ

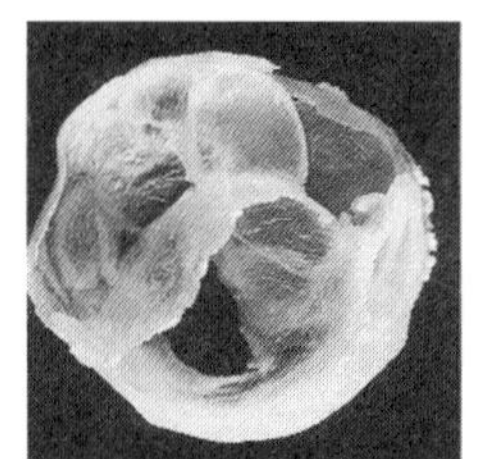
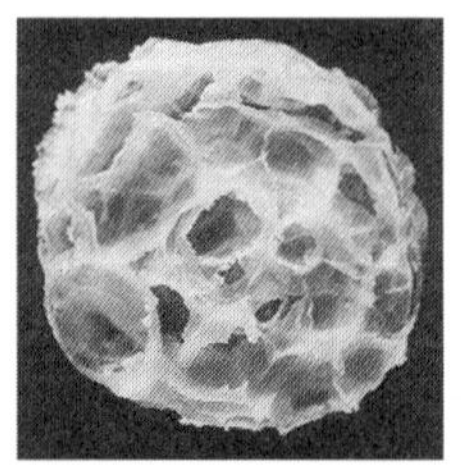
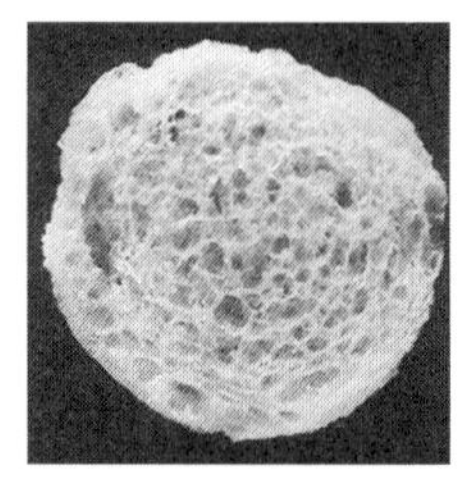

図6-14　コーンスターチパフに添加した卵殻粉の効果[9)]

ルシウムの補強食品に使用できる。消化・吸収の衰えがある高齢者でも，簡単にカルシウムを吸収することが可能である。

ベトナム人60歳代の女性が1年間卵殻粉を摂取したところ，炭酸カルシウムを摂取した方よりも骨密度が上昇したという結果も得られている[8)]。卵殻粉にはカルシウム補給という効果のほかに食品を改良する効果があり，いろいろな食品に使われている。図6-14の写真は卵殻粉をコーンスターチに添加して，エクストルーダーで膨化させたときの断面である[9)]。卵殻粉の添加でネットワークが緻密になるため膨化物は，サクサクとした食感になる。同様に，とんかつや天ぷらの衣の食感向上にも効果がある。さらに卵殻粉は，わずかに溶解してカルシウムイオンを溶出する。このカルシウムイオンのはたらきで，魚肉や畜肉のゲル化が促進する。かまぼこの場合は加熱前の肉のりの粘度も上げることができるため，製品の歩留まりを上げることもできる[10)]。また，卵殻粉は小麦粉に混ぜてケーキやパンなどの利用や，カルシウムやマグネシウムが入ることで低塩化も可能なので，高齢者向き食品にも使用することができる。

現在，工場などで発生する卵殻の大部分は，土壌改良剤として使われている。酸性雨や肥料の使用などで酸性になった土壌に卵殻を散布することで，土壌が中和され作物の発育がよくなるためだ。ほかにも，エサに添加されて家畜のカルシウム補強などに使われている。さらに，利用を進めるためにさまざまな研究が進んでおり，水田に散布することで気候変動に対して稲が強くなるなどの効果もみつかっている。チョークや壁材の原料，人工革の材料などにも使うことができるため，工業製品への利用も検討されている[11]。

このような取り組みにより，卵殻粉が食品や商品の添加物として幅広く利用されることが期待できる。

## 引用文献


1）小泉昌子ほか：殻付き冷凍タマゴの調製条件が品質特性に及ぼす影響，東京家政大学研究紀要2 自然科学，63，1-6，2023

2）若松利男ほか：卵黄のゲル化と未凍結水量に及ぼす凍結時間と凍結保存温度の影響，日本農芸化学会誌，55（8），699-704，1981

3）吉見一真：Food Style 21，15（1），44-46，2011

4）有満和人ほか：卵白を乳酸発酵した新素材「ラクティーエッグ」が拡げる世界，日本食品工学会誌，16（1），79-82，2015

5）臼田美香ほか：乳酸発酵処理卵白の血中コレステロール濃度低下作用，食品科学工学会第58回大会，2011

6）宮本哲也ほか：麹を用いて美味しさを引き出した卵黄 「熟成卵黄」の開発，第71回日本生物工学会大会，2019

7）キユーピー株式会社ホームページ，https://www.kewpie.com/rd/innovation-story/jyukuseiranou_01/

8）Seigo SAKAI. et. al.: Effects of Eggshell Calcium Supplementation

on Bone Mass in Postmenopausal Vietnamese Women, Journal of Nutritional Science and Vitaminology, 63, 120-124, 2017
9）食品産業エクストルージョンクッキング技術研究組合：エクストルージョンクッキング 2軸型の開発と利用，光琳，1987
10）笹川伸之：カルホープの加工食品への利用，月刊フードケミカル，32（1），57-59，2016
11）牛久保明邦：食品ロス削減と食品廃棄物資源化の技術，シーエムシー出版，2023

## 参考図書（全章共通）

・渡邊乾二：食卵の科学と機能 −発展的利用とその課題−，アイ・ケイコーポレーション，2008
・浅野悠輔，石原良三：卵，−その化学と加工技術−，光琳，1999
・タマリエ検定委員会：タマゴのソムリエハンドブック，タマリエ検定公式テキスト，鶏卵肉情報センター，2012
・Harold McGee（香西みどり訳）：マギーキッチンサイエンス，共立出版，2008
・今井忠平：鶏卵の知識，食品化学新聞社，1983
・佐藤泰ほか：卵の調理と健康の科学，アイ・ケイコーポレーション，1989
・卵事例ハンドブック編集委員会：けんぞう先生の卵事例ハンドブック，鶏卵肉情報センター，2009
・ダイアントゥープス：タマゴの歴史，原書房，2014
・dancyu 日本一の卵レシピ，プレジデント社，2017
・dancyu たまごが先だ！，プレジデント社，2014
・渡邊乾二：まるごとわかるタマゴ読本，農文協，2019
・たまご挿入写真：キユーピー株式会社提供
・イラスト（峯木眞知子・小泉昌子・たまごちゃん）：タマゴ科学研究会提供

# さくいん

## 欧文



## あ行



## か行



## さ行

## た行



## な行



## は行



## ま行

## や行



## ら行

# 「クッカリーサイエンス」刊行にあたって

人が健康を保ち快適に生きていくためには，安全で，栄養のバランスのとれた，おいしい食べ物が必要で，その決め手となるのが調理です。食べることで，会話がはずみ一緒に食べる人との連帯感が強まり，食事マナーを介して社会性も身につき，食にまつわる文化を継承させるなど，さまざまな役割を果たしています。その最終価値を決める調理の仕事は，人間生活のあり方に直結し食生活の未来にも大きくかかわっています。

日本調理科学会は，このように人間生活に深くかかわる調理を対象として，自然科学のほか，人文・社会科学的な視点から，研究・啓発活動を続けています。

1968（昭和42）年に，本学会の母体「調理科学研究会」が発足し，さらに1984（昭和59）年に「日本調理科学会」と名称を改め，2008（平成20）年に創立40年を迎え，2011（平成23）年に法人化しました。

創立40周年を契機として，日本調理科学会員が各々の研究成果を1冊ずつにまとめ，高校生，大学生，一般の方々に，わかりやすく情報提供することを目的として，このシリーズを企画し，出版してきました。本号はその第12号となります。身近で，知って得する内容満載です。生活と密接に関連のある調理科学がこんなにおもしろいものであることを知っていただき，この分野の研究がいっそう盛んになり，発展につながることを願っています。

2024（令和6）年

一般社団法人日本調理科学会刊行委員会

・2009（平成21）年から2011（平成23）年担当
　畑江敬子（委員長），江原絢子，大越ひろ，
　下村道子，高橋節子，的場輝佳
・2012（平成24）年から2018（平成30）年担当
　大越ひろ（委員長），市川朝子，香西みどり，
　河野一世，的場輝佳，森髙初恵
・2019（令和元）年から2021（令和3）年担当
　大越ひろ（委員長），綾部園子，今井悦子，
　香西みどり，真部真里子，森髙初恵
・2022（令和4）年から担当
　香西みどり（委員長），綾部園子，今井悦子，
　大越ひろ，真部真里子，森髙初恵

著　者

## 峯木眞知子（みねき・まちこ）

■ 東北大学農学研究科機能形態学講座博士後期課程修了，博士（農学）
■ 東京家政大学家政学部栄養学科教授を2021年退職
■ キユーピー・東京家政大学共同研究講座タマゴのおいしさ研究所特命教授（2021-）
■ 東洋水産株式会社社外取締役，タマゴ科学研究会理事，日本家政学会功労賞，日本栄養改善学会（終身会員），管理栄養士，専門官能評価士
■ たまごに関する研究で，日本家政学会賞，日本調理科学会学会賞を受賞

## 小泉昌子（こいずみ・あきこ）

■ 東京家政大学家政学部栄養学科卒業（家政学士）
■ 東京家政大学大学院人間生活学研究科修了（学術博士）
■ キユーピー・東京家政大学共同研究講座タマゴのおいしさ研究所特任講師（2021-）
■ 管理栄養士，上級官能評価士
■ たまごに関する研究で，エコたま賞，日本家政学会奨励賞を受賞

## 設樂弘之（しだら・ひろゆき）

■ 上智大学理工学研究科理学博士前期課程修了
■ キユーピー株式会社研究所に入社，たまごの技術開発と新製品開発に従事
■ キユーピー株式会社研究開発本部所属
■ 東京家政大学非常勤講師，キユーピー・東京家政大学共同研究講座タマゴのおいしさ研究所共同研究員（2021-）

クッカリーサイエンス012
# おいしいたまごのはなし

2024年（令和6年）4月15日　初 版 発 行

監　修　日本調理科学会
著　者　峯 木 眞 知 子
　　　　小 泉 昌 子
　　　　設 樂 弘 之
発行者　筑 紫 和 男
発行所　株式会社 建 帛 社
KENPAKUSHA

112-0011 東京都文京区千石4丁目2番15号
TEL（03）3944－2611
FAX（03）3946－4377
https://www.kenpakusha.co.jp/

ISBN 978-4-7679-6225-2　C3077　新協／常川製本